U0341767

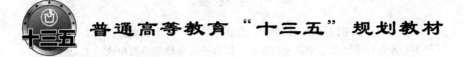

普通高等教育"十三五"规划教材

环境监测创新技能训练

主　编　陈井影
副主编　李文娟

北　京
冶金工业出版社
2019

内 容 提 要

　　本书是在参考国家有关标准并结合多年科研和教学实践的基础上，针对环境类专业课程体系及学生就业的需求，结合新环保标准编写而成。主要内容包括安全知识训练、环境监测基本知识训练、水质监测训练、空气质量监测训练、土壤监测训练、综合创新技能训练。

　　本书可作为高等院校环境科学与工程专业类实验教学用书，也可供相关专业及环保技术人员参考。

图书在版编目（CIP）数据

　　环境监测创新技能训练/陈井影主编 . —北京：冶金工业
出版社，2019.12
　　普通高等教育"十三五"规划教材
　　ISBN 978-7-5024-8371-5

　　Ⅰ.①环… Ⅱ.①陈… Ⅲ.①环境监测—高等学校—
教材 Ⅳ.①X83

　　中国版本图书馆 CIP 数据核字（2019）第 289117 号

出 版 人　陈玉千
地　　址　北京市东城区嵩祝院北巷 39 号　邮编　100009　电话　（010）64027926
网　　址　www.cnmip.com.cn　电子信箱　yjcbs@cnmip.com.cn
责任编辑　卢　敏　王琪童　美术编辑　彭子赫　版式设计　禹　蕊
责任校对　郭惠兰　责任印制　李玉山
ISBN 978-7-5024-8371-5
冶金工业出版社出版发行；各地新华书店经销；三河市双峰印刷装订有限公司印刷
2019 年 12 月第 1 版，2019 年 12 月第 1 次印刷
787mm×1092mm　1/16；7.75 印张；183 千字；115 页
28.00 元

冶金工业出版社　投稿电话　（010）64027932　投稿信箱　tougao@cnmip.com.cn
冶金工业出版社营销中心　电话　（010）64044283　传真　（010）64027893
冶金工业出版社天猫旗舰店　yjgycbs.tmall.com
　　　　　　　（本书如有印装质量问题，本社营销中心负责退换）

前　言

环境监测创新技能实训是环境工程和环境科学专业重要的技能实践课，是环境监测课程群的重要组成部分。通过本课程的学习，可使学生巩固和加深对环境监测课程理论知识的理解，练习应用环境监测技术的基本实践方法、手段和操作技能，培养学生独立思考、分析问题和解决问题的能力，同时培养学生环境监测的实践应用能力，提高学生的动手能力、团队协作精神和创新思维能力，为学生今后从事环境监测工作和其他相关工作打下坚实的基础。

本实训教材内容是在参考国家有关标准并结合多年科研和教学实践的基础上确定的，主要内容包括环境水质监测基础训练、空气质量监测训练和土壤监测训练等常规监测工作。在水质监测和土壤监测中纳入了放射性核素铀的测定方法。其中水质监测部分由李文娟负责编写；其余部分由陈井影负责编写。全书由陈井影负责统稿。在本书编写过程中，得到了东华理工大学环境工程专业老师的大力支持和帮助，同时参阅了大量专家学者的相关文献资料，在此一并表示感谢！

本教材得到了江西省"环境工程一流专业""环境工程特色专业""环境工程专业综合改革试点"和东华理工大学"水污染控制工程教学培育团队"等质量工程建设项目的资助。

由于编者水平有限，书中难免有疏漏和不妥之处，敬请读者批评指正。

编　者
2019 年 9 月

目　录

1 安全知识训练

（1）实验室安全工作遵循"安全第一、预防为主"的原则，凡进入实验室人员，必须严格遵守管理制度，切实做好防火、防盗、防爆、防水、防意外伤害等预防工作，确保人身及财产安全。

（2）进入实验室的学生必须登记，由指导老师对学生进行安全教育并签订安全责任书后方可进入实验室，如出现安全、卫生问题，由指导教师承担责任。

（3）实验室禁止擅自乱接滥扯电源线路、超负荷用电，严禁非正常工作用电。

（4）烘箱、马弗炉、电炉等电热器具的使用，要有专人现场管理。

（5）烘箱温度不得超过200℃，反应釜等不得放烘箱内进行加热，不得过夜使用，如需过夜必须与指导老师说明，且安排专人现场值班。

（6）摇床温度不得超过60℃，温度超过40℃时不得过夜。

（7）实验仪器设备使用，要及时登记。不会使用的仪器，一定要请教他人，确保正确的操作。

（8）仪器设备不得随意搬动，如需搬动，一定要经过实验室管理人员允许，并办理登记。

（9）凡由指导教师自行购买的各类试剂，须将试剂名称、数量及使用者等信息进行备案，并加强危险化学品的管控，如出现安全问题，由指导教师承担责任。

（10）试剂及样品须标记实验者姓名、日期等信息，并分类摆放整齐。

（11）使用后的实验台，立即打扫；使用过的试剂瓶、玻璃器皿和样品等应及时处置，不得堆放在水池旁边、实验台和地面上，保持实验室干净、整洁。

（12）实验完毕，要检查切断电源、水源和气源等，关窗锁门后方可离开实验室，做到随手关门，切忌出现门开无人的现象。

（13）在使用闪火点低于室温的溶剂时，应遵守下列防火安全规定：

1）不准使用明火加热蒸发，尽可能用水浴加热。如果用电炉加热，电炉丝密封不裸露在外面。

2）不准在敞口容器，如烧杯、三角瓶之类的容器中加热或蒸发。

3）溶剂存放或使用地点距明火火源至少3m以上。

4）减压蒸馏时，应先减压后加热，蒸馏完毕准备结束实验时，应先停止加热，待冷至适当温度无自燃危险时再停真空泵。

5）实验室内应装有防爆抽气通风机，每日在进实验室前应抽气5~10min，再使用其他电器，包括点灯。

6）在实验室内易燃溶剂的存放量一般不应超过3L，特别是在夏天，大量存放易燃溶剂，既不安全，对人又有较大的危害。装易燃溶剂的玻璃瓶不要装满，装2/3左右即可。

（14）实训结束后，将所用玻璃器皿清洗干净，物归原处；清理实训台面和地面，保持实训室干净整洁。

环境监测基本知识训练

第一节 环境监测常用溶液浓度的表示方法

溶液是由两种或多种组分组成的均匀体系。所有溶液都是由溶质和溶剂组成的，溶剂是一种介质，在其中均匀地分布着溶质的分子或离子。溶剂和溶质的量十分准确的溶液叫标准溶液，溶质在溶液中所占的比例称作溶液的浓度。

根据用途的不同，溶液浓度有多种表示方法，如体积摩尔浓度、质量摩尔浓度、质量分数、重量百分浓度、体积分数、滴定度等。

体积摩尔浓度

1L 溶液中所含溶质的摩尔数，称作体积摩尔浓度，以 M 表示，即 M =溶质的摩尔数/溶液体积，单位是 mol/L。例如，0.1mol/L 的氢氧化钠溶液，NaOH 是溶质，水是溶剂，NaOH 溶于水形成溶液，就是在 1L 溶液中含有 0.1mol 的氢氧化钠。

质量摩尔浓度

质量摩尔浓度为 1kg 溶剂中所含溶质的摩尔数，以 b/B 表示，即 b/B =溶质的摩尔数/溶剂的质量，单位是 mol/kg。用质量摩尔浓度 b/B 来表示溶液的组成，优点是其量值不受温度的影响，缺点是使用不方便。

质量分数

质量分数为 100g 溶液中含有溶质的克数。例如，10%氢氧化钠溶液，就是 100g 溶液中含 10g 氢氧化钠。

体积分数

体积分数为 100mL 溶液中所含溶质的体积（mL）。例如，95%乙醇，就是 100mL 溶液中含有 95mL 乙醇和 5mL 水。

体积比浓度

体积比浓度指用溶质与溶剂的体积比表示的浓度。如 1∶1 盐酸，即表示 1 体积量的盐酸和 1 体积量的水混合的溶液。

滴定度（T）

滴定度（T）是溶液浓度的另一种表示方法。它有两种含义：其一表示每毫升溶液中含溶质的克数或毫克数，如氢氧化钠溶液的滴定度为 $T_{NaOH} = 0.0028g/mL = 2.8mg/mL$；其二表示每毫升溶液相当于被测物质的克数或毫克数，如卡氏试剂的滴定度表示硝酸银的浓度有两种：

$T_{AgNO_3} = 1mg/mL$，$T_{NaCl} = 1.84mg/mL$，前者表示 1mL 溶液中含硝酸银 1mg，后者表示 1mL 溶液相当于 1.84mg 的 NaCl，用 $T_{NaCl} = 1.84$ 表示。这样只要知道了滴定度乘以滴定中耗去的标准溶液的体积数，即可求出被测组分的含量，计算起来相当方便。

当量浓度（N）

当量浓度的概念用 N 表示，如盐酸浓度为 $0.1N$，表示 1L 溶液中含有 0.1 当量的盐酸，也可叫做体积当量浓度。是原来国际通用的浓度之一，是根据当量定律来的。现在用新的概念"等物质的量规则"代替以前的当量定律，所以当量浓度也就不再应用了。关于 N 与 M 的关系，即当量浓度与摩尔浓度关系，对不同的物质是不相同的。如硫酸：一般写作 $1M\ H_2SO_4 = 2N\ H_2SO_4$，一般写作 $M(1/2H_2SO_4) = 0.1000mol/L$，又如高锰酸钾：$1M\ KMnO_4 = 5N\ KMnO_4$，一般写作 $M(1/5KMnO_4) = 0.1000mol/L$。

第二节　标准曲线及数据表格绘制

一、实训目的

掌握标准曲线的绘制，掌握表格的制作，掌握数据格式和图表格式的设置。

二、实训内容

用 Excel 进行数据处理和图表的制作。

标准曲线在各个学科的领域中都很有可能用到，具体用途是测定某物质的精确含量。标准曲线中，一般用横坐标表示所测物质的浓度或含量，纵坐标表示仪器的读数值。

下面以一组数据，利用 excel 或者 WPS 表格软件来具体说明标准曲线的绘制方法和流程。

数据见表 2-1。

表 2-1　数据表

含量/μg	吸光度	含量/μg	吸光度	含量/μg	吸光度	含量/μg	吸光度	含量/μg	吸光度
0	0	2	0.076	4	0.13	6	0.19	8	0.264
1	0.039	3	0.091	5	0.176	7	0.235		

标准曲线绘制步骤：

（1）选中数据源。

（2）点击"插入"菜单，点击图表，图表类型选择"XY 散点图"，点击下一步，选择"系列产生在行"点击下一步。

（3）图表标题里填"标准曲线"，X 轴填"含量/μg"，Y 轴填"吸光度"，点击"完成"。现在出现的图片如图 2-1 所示。

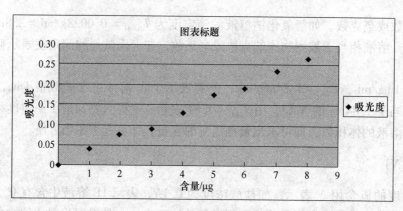

图 2-1   散点图

（4）点击图 2-1 中那些吸光度小点，然后右击，选择添加趋势线。然后单击"选项"，勾选"设置切距"，并填写为零；勾选"显示公式"，"显示 R 的平方"。

（5）点击"确定"。标准曲线绘制基本完成，如图 2-2 所示。

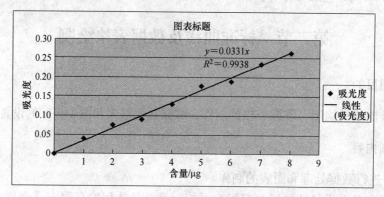

图 2-2   标准曲线（有底色）

（6）虽然标注曲线绘制完成，但是要达到论文要求的格式还需要进一步修改，方法如下。

（7）点击图 2-2 所示的灰色区域，注意不要点在任何线上和点上。然后右击，边框选择"无"，区域填充效果选择"无"。操作完这一步，就显示如图 2-3 所示的曲线。

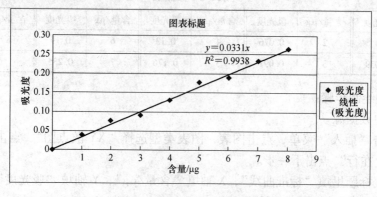

图 2-3   标准曲线（无底色）

（8）点击图 2-3 所示的并排横线中的某一条，然后右击，点击"清除"。点击图 2-3 所示的右边的那个写有吸光度和线性的小方块，右击，点击"清除"。

（9）点击图 2-3 所示的空白区域，右击，点击"图表区格式"，在"图案"中的"边框"中勾选"无"。

（10）符合要求的标准曲线就绘制好了。最终效果如图 2-4 所示。

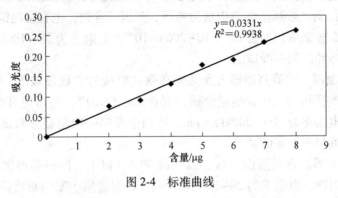

图 2-4　标准曲线

实验测量和计算数据是科技工作的核心内容，作为数据表述主要形式之一的表格，因具有鲜明的定量表达量化信息的功能而被广泛采用。三线表以其形式简洁、功能分明、阅读方便而在科技论文中被推荐使用。

第三节　实验室用水及质量检验

一、普通纯水

（一）纯水质量标准

水是最常用的溶剂，配制试剂、标准溶液、洗涤均需大量使用。它的质量对分析结果有重要的影响，对于不同用途，应使用不同质量的水。

表 2-2 中 $KMnO_4$ 呈色持续时间是指用这种水配制 c（1/5）$KMnO_4 = 0.01mol/L$ 溶液的呈色持续时间，它反映水中还原性杂质含量的多少。

表 2-2　纯水的级别与标准

指标	I	II	III	IV
可溶性物质/mg·L⁻¹	<0.1	<0.1	<0.1	<2.0
电导率（25℃）/μS·cm⁻¹	<0.06	<1.0	<1.0	<5.0
电阻率（25℃）/MΩ·cm	>16.66	>1.0	>1.0	>0.20
pH 值（25℃）	6.8~7.2	6.6~7.2	6.5~7.5	5.0~8.0
$KMnO_4$ 显色持续时间（最小）/min	>60	>60	>10	>10

在制备痕量元素测定用的标准水样时，最好使用相当于 ASTM-I 级的纯水；制备微量元素测定用的标准水样，使用 ASTM-II 级的纯水。

（二）纯水的制备

纯水是将原水中可溶性和非可溶性杂质全部除去的水。制备纯水的方法很多，通常多用蒸馏法、离子交换法、电渗析法。

1. 蒸馏法

以蒸馏法制备的纯水常称为蒸馏水，水中常含可溶性气体和挥发性物质。

蒸馏水的质量因蒸馏器的材料与结构的不同而不同。制造蒸馏器的材料通常有金属、化学玻璃和石英玻璃三种。下面分别介绍几种不同蒸馏器及其蒸馏水。

（1）金属蒸馏器。金属蒸馏器内壁为纯铜、黄铜、青铜，也有镀纯锡的。这种蒸馏所得的水含有微量金属杂质，如含 Cu^{2+}（$10\sim200$）$\times10^{-6}$，电阻率为 $30\sim100k\Omega\cdot cm$（$25℃$），只适用于清洗容器和配制一般试液。

（2）玻璃蒸馏器。玻璃蒸馏器由含低碱高硼硅酸盐的"硬质玻璃"制成，含二氧化硅约 80%，经蒸馏所得的水中含痕量金属，如含 $Cu^{2+}5\times10^{-9}$，还可能有微量玻璃溶出物，如硼、砷等。其电阻率为 $100\sim200k\Omega\cdot cm$。适用于配制一般定量分析试液，不宜用于配制分析重金属或痕量非金属的试液。

（3）石英蒸馏器。石英蒸馏器含二氧化硅 99.9% 以上。所得蒸馏水仅含痕量金属杂质，不含玻璃溶出物。电阻率为 $20\sim300k\Omega\cdot cm$。特别适用于配制对痕量非金属进行分析的试液。

（4）亚沸蒸馏器。它是由石英制成的自动补液蒸馏装置，其热源功率很小，使水在沸点以下缓慢蒸发，故而不存在雾滴污染问题，所以蒸馏水几乎不含金属杂质（超痕量）。适用于配制除可溶性气体和挥发性物质以外的各种物质的痕量分析用试液。亚沸蒸馏器常作为最终的纯水器与其他纯水装置（如离子交换纯水器）等联用，所得纯水的电阻率高达 $16M\Omega\cdot cm$ 以上。要注意保存，一旦接触空气，在 $5min$ 内迅速降至约 $2M\Omega\cdot cm$。

另外，因一次蒸馏的效果差，有时需要多次蒸馏。例如，第一次蒸馏时加入几滴硫酸，除去重金属；第二次蒸馏时加少许碱溶液，中和可能存在的酸；第三次不加入酸或碱。

2. 离子交换法

以离子交换法制备的水称为去离子水或无离子水。水中不能完全除去有机物和非电解质，因此较适用于配制痕量金属分析用的试液，而不适用于有机分析试液。

在实际工作中，常将离子交换法和蒸馏法联用，即将离子交换水再蒸馏一次或以蒸馏水代替原水进行离子交换处理，这样就可以得到既无电解质又无微生物及热原质等杂质的纯水。

3. 电渗析法

一般采用电渗析法可制取电阻率为 $2\times10^{6}\Omega\cdot cm$（$18℃$）的纯水。它比离子交换法有设备和操作管理简单、不需酸碱再生使用的优点，实用价值较大；其缺点是在水的纯度提高后，水的电导率逐渐降低，如继续增高电压，就会迫使水分子电离为 H^{+} 和 OH^{-}，使大量的电耗在水的电离上，水质却提高得很少。目前也有将电渗析法和离子交换法结合起来制备纯水的方法，即先用电渗析法把水中大量离子除去后，再用离子交换法除去少量离子，这样制得的纯水（已达 $5\times10^{6}\sim10\times10^{6}\Omega\cdot cm$）纯度高。

4. 纯水的储存

制备好的纯水要妥为保存，不要暴露于空气中，否则会由于空气中二氧化碳、氨、尘埃及其他杂质的污染使水质下降。由于非电解质无适当的检验方法，因此可用水中金属离子含量的变化来观察其污染情况，表2-3中列出纯水在不同容器中储存2周后其金属离子含量的变化情况。因纯水储存在硬质或涂石蜡的玻璃瓶中都会使金属离子含量增加，故宜储存于聚乙烯容器中或衬有聚乙烯膜的瓶中为妥，最好是储存于石英或高纯聚四氟乙烯容器中。

表2-3 容器与纯水中金属离子含量的变化

水样	储存容器	金属离子含量/$\mu g \cdot mL^{-1}$				
		Al	Fe	Cu	Pb	Zn
蒸馏水再经硬质玻璃蒸馏器重蒸馏		10.2	0.9	0.5	0.9	1.4
蒸馏水再经硬质玻璃蒸馏器重蒸馏	储存于硬质玻璃瓶中经2周后	10.2	4.5	1.2	3.0	4.6
蒸馏水再经硬质玻璃蒸馏器重蒸馏	储存于涂石蜡玻璃瓶中经2周后	15.0	10.5	1.4	4.1	5.6
蒸馏水再通过离子交换树脂混合床处理		1.0	0.5	0.5	0.5	0.5
蒸馏水再通过离子交换树脂混合床处理	储存于聚乙烯容器中经2周后	1.3	1.5	0.6	1.5	1.5

二、特殊要求的纯水

在分析某些指标时，分析过程中所用纯水中的这些指标含量愈低愈好，这就需要某些特殊要求的蒸馏水及制取方法。

（一）无氯水

加入亚硫酸钠等还原剂将自来水中的余氯还原为氯离子（以 DPD 检查不显色），之后用附有缓冲球的全玻璃蒸馏器（以下各项中的蒸馏均同此）进行蒸馏制取。

DPD，即 N，N′-二乙基对苯二胺（N，N′-p-phenylene diamine）。

（二）无氨水

向水中加入硫酸使其 pH<2，并使水中各种形态的氨或胺最终都变成不挥发的盐类，收集馏出液即得（注意：为避免实验室内空气中含有氨而重新污染，应在无氨气的实验室进行蒸馏）。

（三）无二氧化碳水

（1）煮沸法。将蒸馏水或去离子水煮沸至少10min（水多时），或者使水量蒸发10%以上（少水时），加盖放冷即得。

（2）曝气法。将惰性气体或纯氮通入蒸馏水或去离子水至饱和即得。

制得的无二氧化碳水应储存于一个附有碱石灰管的橡皮塞盖严的瓶中。

（四）无砷水

一般蒸馏水或去离子水都能达到基本无砷的要求。应注意避免使用软质玻璃（钠钙玻璃）制成的蒸馏器、树脂管和储水瓶。进行痕量砷的分析时，必须使用石英蒸馏器或聚乙烯的树脂管和储水桶。

（五）无铅（无重金属）水

用氢型强酸性阳离子交换树脂处理原水即得。注意储水器应预先做无铅处理，用 6mol/L 硝酸溶液浸泡过夜后，用无铅水洗净。

（六）无酚水

（1）加碱蒸馏法。向水中加入氢氧化钠至 pH = 11，使水中酚生成不挥发的酚钠后进行蒸馏制得（或可同时加入少量高锰酸钾溶液使水呈紫红色，再行蒸馏）。

（2）活性炭吸附法。将粒状活性炭加热至 150~170℃ 烘烤 2h 以上进行活化，放入干燥器内冷却至室温后，装入预先盛有少量水（避免炭粒间存留气泡）的层析柱中，使蒸馏水或去离子水缓慢通过柱床，按柱床容量大小调节其流速，一般以每分钟不超过 100mL 为宜。开始流出的水（略多于装柱时预先加入的水量）必须再次返回柱中，然后正式收集。

（七）不含有机物的蒸馏水

于水中加入少量高锰酸钾的碱性溶液使之呈紫红色，再进行蒸馏即得（在整个蒸馏过程中水应始终保持紫红色，否则应随时补加高锰酸钾）。

第四节　常用玻璃器皿的洗涤与校准

玻璃器皿的清洁与否直接影响试验结果的准确性与精密度，因此，必须十分重视玻璃仪器的清洗工作。

实验室中所用的玻璃器皿必须是洁净的，洁净的玻璃器皿在用水洗过后，内壁应留下一层均匀的水膜，不挂有水珠。不同的玻璃器皿洗涤的方法不同，同时也要根据器皿被污染的情况选择适当的洗涤剂。

一、洁净剂及使用范围

最常用的洁净剂是肥皂、肥皂液、洗衣粉、去污粉、洗液、有机溶剂等。肥皂、肥皂液、洗衣粉、去污粉可用于刷子直接涮洗的仪器，如烧杯、锥形瓶、试剂瓶、试管等。

洗液多用于不便使用刷子洗刷的仪器，如滴定管、移液管、容量瓶、比色管、量筒等刻度仪器或特殊形状的仪器等。

有机溶剂是针对污物属于某一种类型油腻性，而借助有机溶剂能溶解油脂的作用洗除，或者借助某种有机溶剂能与水混合而又挥发快的特殊性，冲洗带水的仪器将水洗去，如甲苯、二甲苯、汽油等可以洗油垢，乙醇、乙醚、丙酮可以冲洗刚洗净而带水的仪器。

二、洗涤液的制备及使用注意事项

（1）强酸性氧化剂洗液。强酸性氧化剂洗液通常用 $K_2Cr_2O_7$ 和 H_2SO_4 配制，浓度一般为 3%~5%。

（2）碱性洗液。常用的碱洗液有碳酸钠溶液（Na_2CO_3 即纯碱）、碳酸氢钠（$NaHCO_3$，即小苏打）、磷酸钠液（磷酸三钠）、磷酸氢二钠，个别难洗的油污器皿也有用稀氢氧化钠溶液的。以上稀碱洗液的浓度一般都在 5% 左右，碱洗液主要用于洗涤有油污的仪器，因此清洗时采用长时间（24h 以上）浸泡法，或者浸泡法。

（3）有机溶剂。带有油脂性污物较多的器皿，如旋塞内孔、移液管尖头、滴定管尖头、滴管小瓶等可以用汽油、甲苯、二甲苯、丙酮、乙醇、三氯甲烷、乙醚等有机溶剂擦洗或浸泡。

三、玻璃器皿的洗涤方法

（一）常规洗涤法

对于一般的玻璃仪器，应先用自来水冲洗 1~2 遍除去灰尘。当用强酸性氧化剂洗涤时，应将水沥干，以免过多耗费洗液的氧化能力。若用毛刷蘸取热肥皂液（洗涤剂或去污粉等）仔细刷净内外表面，应注意容器磨砂部分，然后用水冲洗，当刷洗至看不出有肥皂液时，用自来水冲洗 3~5 次，再用蒸馏水或去离子水充分冲洗 3 次。洗净的清洁玻璃仪器壁上应能被水均匀润湿（不挂水珠）。玻璃仪器经蒸馏水冲洗干净后，残留的水分用指示剂或 pH 试纸检查应为中性。

洗涤时应按少量多次的原则用水冲洗，每次充分振荡后倾倒干净。凡能使用刷子洗的玻璃仪器，都应尽量用刷子蘸取肥皂液进行刷洗，但不能用硬质刷子猛力擦洗容器内壁，因这样易使容器内壁表面毛糙，易吸附离子或其他杂质，影响测定结果或造成污染而难以清洗。测定痕量金属元素的仪器清洗后，应用硝酸浸泡 24h 左右，再用水洗干净。

（二）不便刷洗的玻璃仪器的洗涤法

可根据污垢的性质选择不同的洗涤液进行浸泡或共煮，再按常规方法用水冲净。

（三）水蒸气洗涤法

有的玻璃仪器，主要是成套的组合仪器，除按上述要求洗涤外，还要安装起来后，用水蒸气蒸馏法洗涤一定的时间。例如，凯氏微量定氮仪，每次使用前应将整个装置连同接受瓶用热蒸汽处理 5min，以便除去装置中的空气和前次试验遗留的氨污染物，从而减少试验误差。

（四）特殊清洁要求的洗涤

在某些实验中，对玻璃仪器有特殊的清洁要求，如分光光度计上的比色皿，用于测定有机物后，应以有机溶剂洗涤，必要时可用硝酸浸泡，但要避免用重铬酸钾洗液洗涤，以免重铬酸钾附着在玻璃上。用酸浸后，先用水冲净，再以去离子水或蒸馏水洗净晾干，不宜在较高温度的烘箱中烘干。如应急使用而要除去比色皿内的水分时，可先用滤纸吸干大部分水分后，再用无水乙醇或丙酮洗涤除尽残存水分，晾干即可使用。

四、常用干燥剂

常用的干燥剂有无水 $CaCl_2$、变色硅胶、P_2O_5、MgO、Al_2O_3 和浓 H_2SO_4 等。干燥剂的性能以能除去产品水分的效率来衡量。表 2-4 是一些无机干燥剂的种类及其相对效率。

表 2-4　某些无机干燥剂的种类及其相对效率

干燥剂种类	残余水[①]/μg·L^{-1}	干燥剂种类	残余水[①]/μg·L^{-1}
$Mg(ClO_4)_2$	~1.0	变色硅胶[②]	70
BaO(96.2%)	2.8	NaOH（91%）（碱石棉剂）	93
Al_2O_2（无水）	2.9	$CaCl_2$（无水）	13.7
P_2O_5	3.5	NaOH	约500
分隔筛5A（Linde）	3.2	CaO	656
$LiClO_4$（无水）	13		

注：① 残余水是将湿的含 N_2 气体，通到干燥剂上吸附，以一定方法称量得到的结果。
　　② 变色硅胶是含 $CoCl_2$ 盐的二氧化硅凝胶，烘干后可重复使用。

第五节　溶液的配制

一、溶质

（1）固体试剂。按所需数量直接称取即可。但如配制标准溶液和滴定溶液时，所用无水试剂都必须在 105~110℃ 的烘箱内烘 1~2h 以上，在有效的干燥器内冷却至室温后，立刻称重以供配制。如果某试剂不宜在 105~110℃ 干燥，则应按该试剂之规定执行。水和盐类可在有效的干燥器内适当干燥，不用加热法烘干。使用时应按"只出不进，量用为出"的原则称取，即多余的试剂不允许再放回原试剂瓶中，以免污染原瓶试剂。称取试剂应使用洁净干燥的容器，对易吸潮的试剂应以有盖容器（如称量瓶）称取。

（2）液体试剂。以体积分数（V/V）配制时，按所需数量直接量取即可；以质量体积百分浓度（$m/V\%$）配制时，应先将瓶签上标示的质量分数乘以比重，换算成质量体积百分浓度，再算出所需体积后量取之。常用液体试剂的浓度换算见表 2-5。

表 2-5　常用液体试剂的浓度换算见表

试剂名称	（质量/质量）/%	比重	（质量/体积）/%	摩尔浓度/mol·L^{-1}
硝酸（HNO_3）	71	1.42	100	16
盐酸（HCl）	37	1.18	44	12
硫酸（H_2SO_4）	96	1.84	177	18
冰醋酸（CH_3COOH）	99.5	1.05	104	17
氨水（NH_4OH）	28	0.90	25	14

二、溶剂

（1）水。本书中所配制的溶液，除明确规定外，均为由蒸馏水或离子水配制的水溶液。为使配制试液时所用纯水与试剂的纯度大致相当，以保证试液的质量，将纯水划分为几个相应的等级，见表 2-6。

（2）有机溶剂。有机溶剂与所用溶质的纯度应相当，若其纯度偏低，需经蒸馏或分馏，收集规定沸程内的馏出液，必要时应进行检验，质量合格后再使用。

表 2-6　纯水分级

级别	电阻率（25℃）MΩ·cm	治水设备	用　　途
特	>16	混合床离子交换柱—0.45μm 滤膜—亚沸蒸馏器	配制标准水样
1	10~16	混合床离子交换柱—石英蒸馏器	配制分析超痕量（<10^{-9}级）物质用的试液
2	2~10	双级复合床或混合床离子交换柱	配制分析痕量（10^{-9}~10^{-6}级）物质用的试液
3	0.5~2	单级复合床离子交换柱	配制分析 10^{-6} 级以上含量物质用的试液
4	<0.5	金属或玻璃蒸馏器	配制测定有机物（如 CDO、BOD_5 等）用的试液

三、配制试液的注意事项

（1）当配制准确浓度的溶液时，如溶解已知量的某种基准物质或稀释某一已知浓度的溶液时，必须用经校准过的容量瓶，并准确稀释至标线，然后充分混匀。

（2）本书中一般都介绍每次配制 1000mL 溶液。实际上有时需要少一些或多一些，分析人员可按书中的比例配制所需要的体积，而不必拘于 1000mL。有些实验要求配 100mL，有些溶液不易保存或用量很小，配 1000mL 就造成浪费了。配溶液时的安全规定：一定要将浓酸或浓碱缓慢地加入水中，并不断搅拌，待溶液温度冷却到室温后，才能稀释到规定的体积。

（3）配制时所用试剂的名称、数量及有关计算均应详细地写在原始记录上，以备查对。

（4）溶质常需加热助溶，或在溶解过程中放出大量溶解热，故应在烧杯内配制，待溶解完全并冷至室温后，再加足溶剂倾入试剂瓶中。

（5）碱性试液和浓盐类试液勿储于磨口塞玻璃瓶内，以免瓶塞与瓶口固结后不易打开。遇光易变质的试液应储于棕色瓶中，放暗处保存。

（6）应以不褪色的墨水在瓶签上写明试剂名称、浓度、酸度和配制日期（必要时注明所用试剂的级别和溶剂的种类）。盛装易燃、易爆、有毒或有腐蚀性试液的试剂瓶，应使用红色边框的瓶签。

第六节　紫外分光光度计的校正及使用

分光光度法最重要的一个物理化学量是吸光度。为了获得准确的研究结果，准确测得样品溶液的吸光度是非常重要的。一般，分析结果的不可靠性与偶然误差和系统误差有关。偶然误差影响测量的精密度，可通过足够数量测量的统计处理来减少误差；系统误差影响测量结果的准确度，可在大体相同实验条件下，用比较一种物质的准确测量结果，使系统误差统一起来。而分光光度计的系统误差对测量吸光度的影响是可以检查和校正的。

关于操作误差，多数情况下，通过严格按操作程序测量、仪器调零、准确称量等来控制或减少这种误差的产生。关于仪器的系统误差，可通过对分光光度计的定期校正来克服，若需进行准确度很高的测量，则必须天天校正。

一、校正内容

（1）波长或波数的校正方法。可用具有窄吸收带的溶液、滤光片或蒸气来校正所需要的光波范围。如果要求很高的精密度时，可用放电灯泡发射的射线来校正。有的光谱仪上已装有一个为校正用的灯。苯的蒸气对校正一定范围的波长亦很有用，可用一小滴苯放于1cm 厚的吸收杯中，测其吸收波长，在远紫外区可用氧气的吸收带进行校正。用各种稀土金属的滤光片可以很快地校正波长，但准确度不如上述方法高。常用含有钬和钕、镨离子的滤光片。以仪器显示的波长数值与单色光的实际波长值之间误差表示，应在±1.0nm 范围内。可用仪器中氘灯的 486.02nm 与 656.10nm 谱线进行校正。

（2）吸光度的校正方法。校正吸光度常采用一种很纯物质一定浓度的溶液为标准，且此溶液的吸光度系数需经不同实验室核对，为了使标准液吸光度不受测定波长的微移动而有所改变，常选择具有较平滑吸收高峰的物质，同时要求溶液稳定，且在相当的波长范围内吸收度的改变应符合 Beer-Lambert 定律，常用硫酸铜、硫酸铵钴和硝酸钠或钾的溶液。铬酸钾溶液是最常用的标准溶液，此溶液在紫外区和可见区均适用。

（3）杂散光的校正方法。小量的杂散光往往会引起较大的测量误差，它的校正可用一个能完全吸收某一波长单色光，且对其他波长吸收很弱的溶液。从这个溶液所表现的透光情况可推测杂散光的近似值。由杂散光带来的伪吸收带，亦可用 Beer-Lambert 定律来检查，但用此定律检查伪吸收带误差较大。由切断范围之外所表现的透射比可得出近似的杂散光百分数。若所含杂散光大于 0.1%，应设法减低，或对测得的吸收光度进行校正。由杂散光引起的误差与杂散辐射成正比，因此校正值很容易通过对化合物的近于正确的曲线计算而得。此外，还可用一个适当的滤光片，该滤光片在测定波长范围内完全透光，而对测定范围外的光波完全吸收，由此来消除杂散光。

二、光度计的使用

（1）旋动仪器的波长旋钮，将波长读数置于测试所需的波长处。

（2）开启电源，仪器预热 20min。

（3）调节"0%"旋钮，使数字显示为"0.00"。

（4）把装有溶液的比色皿置于比色皿架中，关上试样室盖，将参比溶液置于光路中，调节"100%"旋钮，使数字显示为"100.0"。

（5）将选择开关置于"A"，使数字显示为"0.00"，然后移入被测溶液，显示值即为溶液的吸光度（A）值。

（6）浓度"C"的测量，把选择开关由"A"旋至"C"，将已标定浓度的溶液移入光路中，调节浓度旋钮，使得数字显示为标定值，然后将被测溶液移入光路中，显示出的读数即为所测溶液的浓度值。

注意：每次使用仪器后应对比色皿架进行清洗，防止样品对比色皿架的腐蚀。

第七节　酸度计的校准及使用

以 990 型酸雨测定仪为例：

将温度传感器、pH 电极插头、电导电极插头分别接入相应插头，接通电源，电源开关置于"开"位置。

（1）温度（$t(℃)$）。按动工作状态开关"℃"，仪器显示值即为所测温度值。

（2）电导率（COND）。按动工作状态开关"COND"。

1）校正。开关（2）置"t℃"，开关（3）置"校正"，调节"校正"钮，使仪器显示配套所标定的常数值。

2）测量。开关（3）置"测量"，将电极插入溶液，将仪器显示值乘以自动指示的量程倍率，即为该溶液温度下的电导率值。

（3）pH 值的测定。

1）校正。将经过清洗擦干水分的 pH 电极插入 pH = 6.86 标准缓冲液中，调节（6）"定位"钮，使仪器显示标称值；将电极清洗擦干后再插入到 pH = 4.00 的 pH 缓冲液中，调节（5）"斜率"螺丝，使仪器显示 pH 值为 4 的标称值，锁紧（5）"斜率"钮。

2）测量。将已经清洗擦干的电极插入待测样品中，仪器显示结果即为该样品实际 pH 值。

（4）电动电位。按动（12）工作状态开关"mV"，插入电极，仪器显示即为电极电位值，单位"毫伏"。

第八节　CTL-12 型 COD 测定仪操作步骤

（1）仪器开机，显示"H"，按数字键"01"，再按"输入"键三次开始打印。

（2）取若干支干净的反应管，一支加入 3mL 蒸馏水，其他反应管分别加 3mL 待测水样，然后分别加入 1mL 氧化剂（A 液），再垂直快速加入 5mL 催化剂使用液（B 液），盖塞摇匀，然后去塞，等待 2~3min 后进行消解。

（3）待仪器温度显示 165℃时，将反应管放入加热孔中（开管），此时加热孔内温度会有所下降，待温度由低至高回升到 164.5℃以上时，按"消解"键。10min 后仪器蜂鸣，取出反应管于试管架上冷却 2min，分别加入 3mL 蒸馏水，盖塞后放于冷水中冷却 2min，多次充分摇匀后，再冷水冷却 2min 后取出。

（4）按"功能"和数字键"4"显示"P"，按"1"和"输入"键打印曲线后显示"A0"，倒入空白水样（蒸馏水）少许冲洗后放空，然后加入剩余空白水样，盖上纸片，10s 后按"输入"显示"n1"放空水样。

（5）倒入待测水样少许，冲洗后放空，再倒入余液，盖上纸片，按"输入"显示"0. ＊＊＊"，待此值稳定（响 7 或 8 声）不变后按"输入"，直到显示变化，再按"输入"打印结果。

（6）重复操作（5）测剩余待测水样。

（7）最后按"."结束。

3 水质监测训练

任务一 地表水监测方案的确定——以河流为例

一、实训目的

监测方案是完成一项监测任务的程序和技术方法的总体设计。通过制定某河流水环境监测方案，使学生了解地表水环境监测方案的制定过程并对水环境监测程序有更深刻的理解。制定监测方案时应明确监测目的，然后在调查研究、收集资料的基础上布设监测点位，确定监测因子，合理安排采样时间和采样频次，选定采样方法和分析测定技术，规范处理监测数据，对河流水质现状进行简单评价等。

二、现场调查和资料收集

在制定监测方案之前，应收集欲监测水体及所在区域的有关资料，主要有：

（1）欲监测水体沿岸的资源现状和水资源的用途、饮用水源分布和重点水源保护区、水体流域土地功能及近期使用计划等。

（2）欲监测水体沿岸城市的分布、工业布局、污染源及其排污情况、城市给排水情况等。

（3）收集欲监测水体的水文、气候、地质和地貌资料。如水位、水量、流速及流向的变化，降雨量、蒸发量及历史的水情，河流的宽度、深度、河床结构及地质状况等。

（4）收集历年水质监测资料。

三、监测断面和采样点的设置

在对调查结果和有关资料进行综合分析的基础上，根据水体尺度范围，考虑代表性、可控性及经济性等因素，提出优化方案，确定断面类型和采样点数量。河流监测断面一般应设置三种断面，即对照断面、控制断面和削减断面。对照断面反应进入本地区河流水质的初始情况，应设在不受污染物影响的城市和工业排污区的上游；控制断面布设在评价河段末端或对评价河段有控制意义的位置，如支流汇入处、废水排放口、水工建筑和水文站下方，视沿岸污染源分布情况可设置一至数个控制断面；削减断面布设在控制断面的下游污染物浓度有显著下降处，以反映河流对污染物的稀释自净情况。断面上的采样点应根据河流水面宽度和水深按国家相关规定确定。

四、监测因子确定

地表水水质监测项目可分为水质常规项目、特征污染物和水域敏感参数。水质常规项目可根据国家《地表水环境质量标准》（GB 3838—2002）和《地表水和废水监测技术规范》（HJ/T 91—2002）选取，特征污染物可根据沿岸污染源排放的污染物来选取，敏感水质参数可选择受纳水域敏感的或曾出现过超标而要求控制的污染物。

五、分析方法的确定

按照《地表水环境质量标准》（GB 3838—2002）和《地表水和废水监测技术规范》（HJ/T 91—2002）中的规定以及《水和废水分析方法（第 4 版）》进行分析方法的选择，尽量采用国家标准分析方法。

六、采样时间和频次的确定

根据监测目的和水体不同，监测频率往往也不相同。对河流的水质、水文同步调查 3~4 天，至少应有 1 天对所有已选定的水质参数采样分析。一般情况下每天每个水质参数只采一个水样。

七、监测结果分析与评价

水质监测所测得的众多化学、物理以及生物学的监测数据是描述和评价水环境质量、进行环境管理的基本依据。必须进行科学的计算和处理，并按照要求在监测报告中表达出来。

监测完毕，应对照《地表水环境质量标准》（GB 3838—2002）等相关标准，对河流水质进行分析和评价，判断水质属于几级，推断污染物的来源，提出改善河流水质的建议和措施。

任务二　地表水样品的采集——以氨氮水样为例

流过或汇集在地球表面上的水，如海洋、河流、湖泊、水库、沟渠中的水，统称为地表水；将水样从水体中分离出来的过程就是采样，采集的水样必须具有代表性。测定的样品应力求在采样的空间和时间上符合水体的真实情况。必须在预先布设好的监测点位采集水样。按照《水质采样技术标准》（HJ 494—2009）和《水质样品的保存和管理技术规定》（HJ 493—2009）进行水样的采集、运输和保存。

一、预习思考

（1）预习《水质采样技术指导》（HJ 494—2009）和《水质样品的保存和管理技术规定》（HJ 493—2009）。

（2）氨氮水样为什么要加入保护剂？

二、实训目的

（1）独立完成采样工作。

（2）熟练采集样品，妥善运输、保存样品。

（3）正确填写地表水采样记录表和规范填写现场采样标签。

三、仪器和试剂

2500mL有机玻璃采水器，500mL试剂瓶，（1∶1）硫酸溶液，pH值广泛试纸，其他防护用品。

四、采集水样

在规定的采样点和采样深度采集水样。用水样将采水器和盛样容器洗涤三遍。采集水样、平行样和现场空白样各一个，加入保护剂，调节至pH≤2。做好现场描述和采样记录，贴好标签。对水样采取适当保护措施，将水样安全带回实训室。

五、采样记录

认真填写地表水采样原始数据记录表和现场采集样品标签（表3-1）

表3-1　现场采集样品标签

采集人员		采样日期	
样品编号			
监测项目			
待检		在检	已检

六、注意事项

（1）注意水文特征的影响及描述。

（2）在采样过程中避免样品被污染。

（3）注意保持采样现场的环境卫生。

任务三　工业废水监测方案的制定

一、实训目的

监测方案是完成一项监测任务的程序和技术方法的总体设计。通过进行某河流水环境监测方案的实训，使学生了解工业废水监测方案的制定过程并对水环境监测程序有更深刻的理解。制定监测方案时应明确监测目的，然后在调查研究、收集资料的基础上布设监测点位、确定监测因子，合理安排采样时间和采样频次，选定采样方法和分析测定技术，规范处理监测数据，对废水达标情况进行简单评价等。

二、现场调查和资料收集

在制定监测方案之前，应尽可能详细地进行现场调查，完备地收集有关资料，包括：
（1）用水情况、废水或污水的类型等。
（2）污染物及排污去向和排放量等。
（3）车间、工厂或地区排污口数量及位置。
（4）废水处理情况。
（5）废水的去向，是否排入江河湖海，流经区域是否有渗坑等。

三、采样点的设置

工业废水一般经管道或渠、沟排放，截面积比较少，所以不需设置监测断面，而直接确定采样点位。

（一）含第一类污染物的废水采样点位的设置

含第一类污染物（总汞、烷基汞、总镉、总铬、六价铬、总砷、总铅、总镍、苯并[a]芘、总铍、总银、总 α 放射性和总 β 放射性）的废水，不分行业和废水排放方式，也不按受纳水体的功能类别，采样点位一律设在车间或车间处理设施的排放口或专门处理此类污染物设施的排口。

（二）含第二类污染物的废水采样点位的设置

含第二类污染物（悬浮物、挥发酚、硫化物、总铜、总锌等）的废水，采样点位一律设在排污单位的废水外排口。

采样点应设在渠道较直、水样稳定、上游无污水汇入的地方。可在水面下 1/4~1/2 处采样，作为代表平均浓度的采样点。

四、监测因子的确定

工业废水中污染物的种类非常复杂，可参照《地表水和污水监测技术规范》（HJ/T 91—2002）确定监测因子。

五、分析方法确定

根据污染物含量的范围、测定要求等因素选择合适的分析方法。分析方法按《污水综合排放标准》（GB 8978—1996）和《地表水和废水监测技术规范》（HJ/T 91—2002）以及环境保护部规定的《水和废水分析方法（第 4 版）》进行，尽量采用国家标准分析方法。

六、采样时间和频次的确定

工业废水的污染物含量和排放量常随工艺条件及开工率的不同而有很大差异，故采样时间、周期和频率的选择是一个较复杂的问题。

（1）可在一个生产周期内每隔 0.5h 或 1h 采样 1 次，混合后测定污染物的平均值。

（2）取 3~5 个生产周期的废水样品监测，可每隔 2h 取样一次，混合样品后测定污染物的平均值。

（3）排污复杂、变化大的废水，时间间隔要短，有时需 5~10min 采样 1 次，或使用连续自动采样设备进行采样，混合后测定污染物的平均值。

（4）水质和水量变化稳定或排放有规律的废水，找出污染物在生产周期内的变化规律，采样频率可降低，如每月采样测定 2 次。

地方环境监测站对污染源的监督性监测每年应不少于 1 次，如被国家或地方环境保护行政主管部门列为年度监测的重点排污单位，应增加到每年 2~4 次。企业自我监测应按照工业废水按生产周期和生产特点确定监测频率，一般每个生产日至少 3 次。

七、监测结果分析和评价

水质监测所测得的众多化学、物理以及生物学的监测数据是描述和评价水环境质量、进行环境管理的基本依据，必须进行科学计算和处理，并按照要求在监测报告中表达出来。对照《污水综合排放标准》（GB 8978—1996）等相关标准，对工业废水进行分析和评价，判断是否达标排放，推断污染物的来源，提出改善工业废水水质的建议和措施。

任务四　色度的测定

水是无色透明的，当水中存在某些物质时会表现出一定的颜色。溶解性的有机物，部分无机离子和有色悬浮微粒均可使水着色。

水色可分为真色和表色两种。真色是去除了水中悬浮物质后的颜色，其是由水中胶体物质和溶解性物质造成的；表色是没有除去悬浮物质的水所具有的颜色。水的色度一般指真色。测定方法主要有铂钴比色法（铬钴比色法）和稀释倍数法等。

铂钴比色法适用于较清洁、轻度污染并略带黄色的地表水、地下水和饮用水。而稀释倍数法适用于受工业废水污染较严重的地表水和工业废水颜色的测定。

pH 值对色度有较大的影响，在测定色度的同时应测量溶液的 pH 值。

一、预习思考

（1）预习《水质色度的测定》（GB/T 11903—1989）。
（2）测定水样色度时，若水样浑浊，能否用滤纸进行过滤？

二、实训目的

（1）掌握样品的采集和保存方法。
（2）掌握铂钴比色法的测定原理和操作。
（3）掌握稀释倍数法的测定原理和操作。

三、原理

（一）铂钴标准比色法（铬钴标准比色法）

该方法用氯铂酸钾（重铬酸钾）与氯化钴（硫酸钴）配成铂钴标准色列，再与水样进行目视比色，确定水样的色度。1L 水中含有 1mg 铂和 0.5mg 钴时所具有的颜色称为 1度，作为标准色度单位。

（二）稀释倍数法

把水样用光学纯水稀释到和光学纯水相比较刚好看不见颜色时的稀释倍数，以此表示水样的色度，测定结果用倍表示。同时用文字描述水样的颜色种类，如深蓝色、棕黄色或暗黑色等。

四、实训准备

（一）样品的采集和保存

用无色的玻璃瓶盛装水样，采样量为 500mL。采样容器和盛样容器的洗涤方法采用 I法（HJ 493—2009 规定洗涤剂洗一次，自来水洗三次，蒸馏水洗一次）。用现场水样润洗容器 3 次，将水样中的树枝、枯枝等漂浮杂物去掉，将水样装于玻璃瓶内，不能加任何保存剂。应在 12h 内测定，否则应在约 4℃ 冷藏保存，48h 内测定完毕。

（二）实训仪器和试剂

50mL 具塞比色管等。

铂钴标准溶液（铂钴色度为 500 度）：称取 1.246g 氯铂酸钾（K_2PtCl_6）及 1.000g 氯化钴（$CoCl_2 \cdot 6H_2O$）溶于 100mL 水中，加入 100mL HCl 定容到 1000mL，保存在密塞玻璃瓶中，放于暗处。

五、实训步骤

（一）分析测试：铂钴标准比色法（铬钴标准比色法）

1. 配制标准色列

向 50mL 比色管中加入 0mL、0.50mL、1.00mL、1.50mL、2.00mL、2.50mL、3.00mL、3.50mL、4.00mL、4.50mL、5.00mL、6.00mL 及 7.00mL 铂钴标准溶液，用水稀释至标线，混匀。各管的色度依次为 0 度、5 度、10 度、15 度、20 度、25 度、30 度、35 度、40 度、45 度、50 度、60 度和 70 度。密塞保存。

2. 水样测定

取 50mL 透明水样于比色管中。如水样浑浊应先进行离心，取上清液测定。将水样与标准色列进行目视比色。观察时，可将比色管置于白瓷板或白纸上，使光线从管底部向上透过液柱，目光自管口垂直向下观察，记下与水样色度相近的铂钴（铬钴）色度标准系列的色度。如水样色度过高，可少取水样，加纯水稀释后比色，将结果乘以稀释倍数。

（二）分析测试：稀释倍数法

1. 文字描述水样颜色的种类

取 100~150mL 澄清水样置烧杯中，以白色瓷板为背景，观察并描述其颜色种类。

2. 水样测定

分别取澄清水样，用光学纯水稀释成不同的倍数。然后各取 50mL 稀释后的水样分别置于 50mL 比色管中，以白瓷片或白纸为背景，自管口向下观察水样的颜色，并与光学纯水比较，选择刚好看不出颜色的那支比色管，以此水样稀释倍数作为该水样的色度。

六、数据处理

（一）目视比色法

如果水样没有经过稀释，可直接报告与水样最接近标准色列的色度值；如果水样经过稀释，则按照下列公式进行计算。

$$A_0 = (V_1/V_0) \times A_1$$

式中　A_0——水样的色度，度；

　　　A_1——稀释后水样的色度，度；

　　　V_1——水样稀释后的体积，mL；

　　　V_0——取原水样的体积，mL。

（二）稀释倍数法

将逐级稀释的各次倍数相乘，所得之积取整数值，以此表达样品的色度；同时用文字描述样品的颜色深浅、色调。

七、注意事项

（1）如水样浑浊，则放置澄清，也可用离心法使之清澈，然后去上清液测定，如果样品中有泥土或其他分散很细的悬浮物，虽经预处理而得不到透明水样，则只测"表观颜色"，但不能用滤纸过滤，用滤纸能吸收部分颜色。

（2）可用重铬酸钾代替氯铂酸钾配制铬钴标准色列。铬钴标准溶液（铬钴色度为500度）：称取 0.0437g 重铬酸钾及 1.000g 硫酸钴（$CoSO_4 \cdot 6H_2O$）溶于少量水中，加入 0.5mL H_2SO_4，定容到 500mL，保存在密塞玻璃瓶中，放于暗处。

（3）如果样品中有泥土或其他分散很细的悬浮物，虽经预处理而得不到透明水样，则只测其表色。

（4）水样或水样经稀释至色度很低时，可自具塞比色管倒适量水样于量筒并计量，然后用此计量过的水样在具塞比色管中用光学纯水稀释至标线，每次稀释倍数应小于2，记下各次稀释倍数值。

（5）水样的色度在50倍以上时，用移液管计量吸取水样于容量瓶中，用光学纯水稀释至标线，每次取大的稀释比，使稀释后色度在50倍之内。

（6）水样的色度在50倍以下时，在具塞比色管中取水样25mL，用光学纯水稀释至标线，每次稀释倍数为2。

任务五　浊度的测定——浊度仪法

一、实训的目的

（1）掌握测定浊度的原理和操作；
（2）学会浊度标准溶液的配制。

二、原理

光电浊度仪是利用一稳定的光源通过被测水样直射至光电池（硒光电池或硅光电池），水中的悬浮物和胶体颗粒越多，透射光越弱，当透射光强弱在不同程度变化时，在光电池上也产生相应变化的电流强度，直接推动直流输出电表，从表面上直接读出水样的浑浊度。

三、实训仪器

GDS—3 型光电式浑浊度仪。

四、实训步骤

（1）仪器接通电源，将稳压器、光源灯预热 15~30min。
（2）测定低浊度（0~30mg/L）：

用长水样槽，将零浊度水倒入水样槽至水位线，然后将水样槽放入仪器测量室（水样槽有号码的一面对着测量室右端），盖上盖子，缓慢地旋转稳压器上的微调，调节至仪表零度处，然后取出水样槽。将被测水样倒入水样槽至水位线，然后放入仪器测量室，盖上盖子，从仪表上直接读出浊度数。

（3）测定高浊度（20~100mg/L）：

用短水样槽，将零度浊度水倒入水样槽至水位线，然后把 20mg/L 基准浊度板对着水样槽有号码一端插入，将水样槽放入测量室（将有 20mg/L 基准浊度板一面对着测量室右端），盖上盖子，缓慢旋转稳压器上的微调，调至仪表右端 20 度处，取出水槽。

$$浊度（度） = \frac{A(B + C)}{C}$$

式中　A——稀释后水样的浊度，度；

　　　B——稀释水体积，mL；

　　　C——原水样体积，mL。

（4）取出 20mg/L 基准浊度板，将被测水样倒入水样槽至水位线，然后将水样槽放入仪器测量室，盖上盖子，从仪表上直接读出浊度数。

（5）如浑浊超过 100mg/L 时，可用零度水进行稀释后再行测定，从仪表浊度数乘上稀释倍数。

（6）零度蒸馏水使用双重蒸馏水，或使用通径为 0.2μm 的超滤膜滤过的蒸馏水。

五、注意事项

（1）所有与水样接触的玻璃器皿必须清洁，用盐酸或表面活性剂清洗。

（2）若需保存，可保存在冷（4℃）暗处，不超过24h；测试前需激烈振摇并恢复到室温。

（3）用于实验测定水的浑浊度的仪器测量范围分为二档，测定0~30度低浊度档时取用水长样匣，20~100度高浊度档时取用短水样匣。

（4）测定前数分钟应先开启稳压电源使光源预热，然后再行测定；使用完毕后，应立即关闭电源，以免光源老化而影响使用寿命。

（5）水样匣必须勤清洗，特别是在测定高浊度水样后立即测定低浊度水样时更应清洗，否则会影响测定的正确性。清洗方法：用带橡皮头的玻璃棒轻轻揩擦透光玻璃的内侧，勿使沾污。

（6）水样倒入水样匣后必须用清洁而干燥的白布揩擦水样匣外部，以免残留水渍而影响透光率。

（7）在相对湿度较大的条件下使用时，应采取快速和瞬时读数，以减少误差。表中指示的读数即为浑浊度，并注意低浊度档（0~30度）或高浊度档（20~100度）。

六、思考题

（1）引起天然水呈现浊度的物质有哪些？

（2）浊度测定还有哪些方法？

任务六　溶解氧的测定——碘量法

溶解氧是指溶解在水中的分子态氧。天然水的溶解氧含量取决于水体与大气中氧的平衡。溶解氧的饱和含量和空气中氧的分压、大气压力、水温有密切关系。清洁地表水溶解氧一般接近饱和。由于藻类的生长，溶解氧可能过饱和。水体受有机、无机还原性物质污染时溶解氧降低，水质恶化。当溶解氧低于 4mg/L 时，会导致鱼虾大量死亡，因此溶解氧是评价水质的重要指标之一。

一、预习思考

（1）预习《水质溶解氧的测定碘量法》（GB 7489—1989）。

（2）溶解氧样品现场如何固定？

（3）测定溶解氧时干扰物质有哪些？如何处理？

二、实训目的

（1）熟悉滴定操作技术。

（2）掌握碘量法测定溶解氧的方法。

三、原理

水样中加入硫酸锰和碱性碘化钾，水中溶解氧将低价锰氧化成高价锰，生成四价锰的氢氧化物棕色沉淀。加酸后，氢氧化物沉淀溶解并与碘离子反应释放出游离碘。以淀粉作为指示剂，用硫代硫酸钠滴定释放出的碘，计算溶解氧的含量。反应式如下：

$$MnSO_4 + 2NaOH == Na_2SO_4 + Mn(OH)_2 \downarrow （白色沉淀）$$
$$2Mn(OH)_2 + O_2 == 2MnO(OH)_2 \downarrow （棕色沉淀）$$
$$MnO(OH)_2 + 2H_2SO_4 == Mn(SO_4)_2 + 3H_2O$$
$$Mn(SO_4)_2 + 2KI == MnSO_4 + K_2SO_4 + I_2$$
$$2Na_2S_2O_3 + I_2 == Na_2S_4O_6 + 2NaI$$

四、实训准备

（一）样品的采集和保存

选用溶解氧瓶采集水样，采样量 250mL。容器的洗涤方法采用Ⅰ法（HJ 493—2009 规定洗涤剂洗一次，自来水洗三次，蒸馏水洗一次）。采集水样时，要注意不使水样曝气或有气泡残存在采样瓶中。可用水样冲洗溶解氧瓶后，沿瓶壁直接倾注水样或用虹吸法将细管插入溶解氧瓶底部，注入水样应溢流出瓶容积的 1/3~1/2。

水样采集后，为防止溶解氧的变化，应在现场加入固定剂，并存于冷暗处，24h 内分析，同时记录水温和大气压力。

（二）实训仪器和试剂

实训仪器：250~300mL 溶解氧瓶、碘量瓶、滴定管等。

实训试剂：

（1）硫酸锰溶液。称取 480g $MnSO_4 \cdot 4H_2O$ 或 364g $MnSO_4 \cdot H_2O$ 溶于水，用水稀释至 1000mL。此溶液加至酸化过的碘化钾溶液中，遇淀粉不得产生蓝色。

（2）碱性碘化钾溶液。称取 500g 氢氧化钠，溶于 300～400mL 水中；另称取 150g 碘化钾溶于 200mL 水中，待氢氧化钠溶液冷却后，将两溶液合并，混匀，用水稀释至 1000mL。如有沉淀，则放置过夜后倾出上层清液，储存于棕色瓶中，用橡皮塞塞紧，避光保存。此溶液酸化后，遇淀粉应不呈蓝色。

（3）（1∶5）硫酸溶液。将 20mL 浓硫酸缓缓加入 100mL 水中。

（4）1%（m/V）淀粉溶液。称取 1g 可溶性淀粉，用少量水调成糊状，再用刚煮沸的水稀释至 100mL，冷却后，加入 0.1g 水杨酸或 0.4g 氯化锌防腐。

（5）0.02500mol/L 重铬酸钾标准溶液。取在 105～110℃烘箱中烘干 2h 并冷却的重铬酸钾 1.2258g，溶于水，移入 1000mL 容量瓶中，用水稀释至标线，摇匀。

（6）硫代硫酸钠溶液。称取 6.2g 硫代硫酸钠（$Na_2S_2O_3 \cdot 5H_2O$）溶于煮沸放冷的水中，加入 0.2g 碳酸钠，用水稀释至 1000mL，储于棕色瓶中，在暗处放置 7～14 天后标定。

五、实训步骤

（一）硫代硫酸钠溶液标定

在 250mL 碘量瓶中加入 100mL 水和 1g 碘化钾，加入 10.00mL 浓度为 0.02500mol/L 的重铬酸钾标准溶液 5mL（1∶5）硫酸溶液，密塞，摇匀。

在暗处静置 5min 后，用待标定的硫代硫酸钠溶液滴定至溶液呈淡黄色，加入 1mL 淀粉指示剂，继续滴定至蓝色刚好褪去为止。记录硫代硫酸钠溶液的用量 V，硫代硫酸钠的浓度可用下式计算：

$$c = \frac{10.00 \times 0.02500}{V}$$

要平行标定 3 份，求出硫代硫酸钠溶液浓度的算术平均值。

（二）样品测定

1. 溶解氧的固定

用吸管插入溶解氧瓶的液面下，加入 1mL 硫酸锰溶液、2mL 碱性碘化钾溶液，盖好瓶塞，颠倒混合次数，静置。待棕色沉淀物降至瓶内一半时，再颠倒混合一次，待沉淀物下降到瓶底。一般在取样现场固定。

2. 析出碘

轻轻打开瓶盖，立即用吸管插入液面下，加入 2.0mL 硫酸，小心盖好瓶塞，颠倒混合摇匀至沉淀物全部溶解为止，放置暗处 5min。

3. 滴定碘

移取 100.00mL 上述溶液于 250mL 锥形瓶中，用硫代硫酸钠溶液滴定至溶液呈淡黄色，加入 1mL 淀粉溶液，继续滴定至蓝色刚好褪去为止，记录硫代硫酸钠溶液用量。

六、数据处理

水质溶解氧的浓度，按下列公式计算：

$$溶解氧(O_2, mg/L) = \frac{MV \times 8 \times 1000}{100}$$

式中　M——硫代硫酸钠溶液浓度，mol/L；

　　　　V——滴定时消耗硫代硫酸钠溶液体积，mL；

　　　　8——1/2 氧的摩尔质量，g/mol。

七、注意事项

（1）取自来水水样时，要控制水的流速，防止曝气。

（2）加试剂时，吸管要插入液面下。

（3）滴定碘时指示剂加入时机要适宜，不要过早或过晚。

（4）当水样中含有亚硝酸盐时会干扰测定，可加入叠氮化钠使水中的亚硝酸盐分解而消除干扰。加入方法是预先将叠氮化钠加入碱性碘化钾溶液中。

（5）如水样中含 Fe^{3+} 达 100～200mg/L 时，可加入 1mL 40%氟化钾溶液消除干扰。

（6）如水样中含氧化性物质（如游离氯等），应预先加入相当量的硫代硫酸钠去除。

任务七 水中残渣的测定

一、预习思考

（1）树叶、木棒、水草等杂质应先从水中去除。
（2）废水黏度高时，可加 2~4 倍蒸馏水稀释，振荡均匀，待沉淀物下降后再过滤。
（3）水样中可滤残渣如何测定？
（4）不可滤残渣（水质悬浮物）测定依据的国标是什么？

二、实训目的

（1）了解总残渣、可滤残渣和不可滤残渣的基本概念。
（2）掌握总残渣和不可滤残渣（悬浮物）测定的基本方法。

三、原理

总残渣是水和废水在一定的温度下蒸发、烘干后剩余的物质，包括总可滤残渣和总不可滤残渣。

总残渣测定方法：取适量振荡均匀的水样于称至恒重的蒸发皿中，在蒸汽浴或水浴上蒸干，移入 103~105℃ 烘箱中烘至恒重，增加的重量即为总残渣。

$$总残渣(mg/L) = \frac{(A - B) \times 1000 \times 1000}{V}$$

式中　A——总残渣和蒸发皿质量，g；
　　　B——蒸发皿质量，g；
　　　V——水样体积，mL。

不可滤残渣（悬浮物）是指不能通过孔径为 $0.45\mu m$ 滤膜的固体物。用 $0.45\mu m$ 滤膜过滤水样，经 103~105℃ 烘干后得到不可滤残渣（悬浮物）含量。不可滤箱中烘至恒重，增加的重量即为总残渣。

$$c(mg/L) = \frac{(A - B) \times 1000 \times 1000}{V}$$

式中　c——水中悬浮物含量 mg/L；
　　　A——悬浮物、滤膜、称量瓶质量，g；
　　　B——滤膜和称量瓶质量，g；
　　　V——试样体积，mL。

四、实训准备

蒸发皿、烘箱、水浴锅、分析天平、干燥器、孔径为 $0.45\mu m$ 的滤膜、过滤器、抽滤装置、称量瓶、镊子。

五、实训步骤

（一）总残渣测定

（1）将蒸发皿放在 103~105℃ 烘箱中烘 30min，然后用镊子取出置于干燥器冷却

（30min）后称重，两次恒重不超过 0.0005g。

（2）分别取适量振荡均匀的水样（30～50mL）置于蒸发皿内，在水浴锅的蒸汽浴上蒸干（水浴面不可接触皿底）。移入 103～105℃烘箱中烘 60min，然后于干燥器冷却（30min）后称重，两次恒重不超过 0.0005g。

（3）计算试样中总残渣含量。

（二）不可滤残渣（悬浮物）测定

（1）用镊子夹取滤膜于称量瓶中，打开瓶盖，在 103～105℃烘箱中烘 30min，然后用镊子取出于干燥器冷却（30min）后称重，两次恒重不超过 0.0005g。将恒重的滤膜放在过滤器内，用蒸馏水湿润滤膜。

（2）量取充分混合均匀的试样 100mL 抽吸过滤，使水分全部通过滤膜，再用 10mL 蒸馏水连续洗涤三次，继续吸滤以除去水分。停止吸滤后，取出载有悬浮物的滤膜放在原恒重的称量瓶中，打开瓶盖，在 103～105℃烘箱中烘 60min，然后用镊子取出于干燥器冷却（30min）后称重，两次恒重不超过 0.0005g。

（3）计算试样中不可滤残渣含量。

六、数据处理

（1）试样中总残渣含量。

项目	1	2
蒸发皿质量 B/g		
总残渣和蒸发皿质量 A/g		
试样体积/mL		
总残渣/mg·L^{-1}		
总残渣平均值/mg·L^{-1}		

（2）试样中不可滤残渣含量。

项目	1	2
滤膜和称量瓶质量 B/g		
悬浮物、滤膜、称量瓶质量 A/g		
试样体积/mL		
不可滤残渣/mg·L^{-1}		
不可滤残渣平均值/mg·L^{-1}		

任务八 水中氨氮的测定

氨氮（NH_3-N）以游离氨（NH_3）或铵盐（NH_4^+）的形式存于水中，两者的组成比取决于水的 pH 值和水温。当 pH 值偏高时，游离氨的比例高；反之，则铵盐的比例高。当水温偏高时，铵盐的比例高；反之，则游离氨的比例高。

水中氨氮的来源主要为生活污水中含氮有机物受微生物作用的分解产物，以及某些工业废水，如焦化废水和合成氨化肥厂废水以及农田排水等。此外，在无氧环境中，水中存在的亚硝酸盐也可受微生物作用还原为氨；在有氧环境中，水中氨也可转变为亚硝酸盐，甚至继续转变为硝酸盐。

测定水中各种形态的含氮化合物，有助于评价水体被污染和"自净"状况。鱼类对水中氨氮比较敏感，当氨氮含量高时会导致鱼类死亡。

一、预习思考

（1）预习《水质 氨氮的测定 纳氏试剂比色法》（HJ 535—2009）。

（2）测定氨氮时，加入酒石酸钾钠的目的是什么？

（3）水样蒸馏预处理时，为什么要加入少量轻质氧化镁？

二、实训目的

（1）掌握纳氏试剂比色法测定氨氮的原理及方法。

（2）掌握氨氮水样预处理——蒸馏法的方法。

三、原理

氨氮的测定方法，通常有纳氏试剂比色法、苯酚-次氯酸盐（或水杨酸-次氯酸盐）比色法和电极法等。纳氏试剂比色法具有操作简便、灵敏等特点，但钙、镁、铁等金属离子、硫化物、醛、酮类，以及水中色度和混浊等会干扰测定，需要进行相应的预处理。氨氮含量较高时，可采用蒸馏-酸滴定法。

碘化汞和碘化钾的碱性溶液与氨反应生成淡红棕色胶态化合物，其色度与氨氮含量成正比，通常可在波长 420nm 范围内测量其吸光度、计算其含量。

反应式为：$2K_2[HgI_4] + 3KOH + NH_3 \longrightarrow NH_2Hg_2IO + 7KI + 2H_2O$

该法最低检出浓度为 0.025mg/L（光度法），测定上限为 2mg/L。采用目视比色法，最低检出浓度为 0.02mg/L。水样作适当的预处理后，该法可适用于地面水、地下水、工业废水和生活污水的检测。

四、实训准备

（一）样品的采集和保存

选用聚乙烯瓶或玻璃瓶盛装水样。容器的洗涤方法采用 Ⅰ 法（HJ 493—2009 规定是洗涤剂洗一次，自来水洗三次，蒸馏水洗一次）。采样量为 250mL，应尽快分析。必要时可加硫酸将水样酸化至 pH<2，于 2~5℃ 下存放，24h 内分析。

（二）实训仪器和试剂

实训仪器：氨氮蒸馏装置、250mL 烧瓶、氮球、直形冷凝管、分光光度计。

实训试剂：

（1）无氨水。可选用下列方法之一进行制备：

1）蒸馏法。每升蒸馏水中加 0.1mL 硫酸，在全玻璃蒸馏器中重蒸馏，弃去 50mL 初馏液，接取其余馏出液于具塞磨口的玻璃瓶中，密塞保存。

2）离子交换法。使蒸馏水通过强酸性阳离子交换树脂柱。

（2）纳氏试剂。

1）称取 15.0g KOH 溶于 50mL 水中，冷至室温。

2）称取 5.0g KI 溶于 10mL 水中，在搅拌下，将 2.50g 二氯化汞（$HgCl_2$）粉末分次少量加入，直到 KI 溶液呈深黄色或出现微米红色，沉淀溶解缓慢时，充分搅拌混合，并改为滴加二氯化汞饱和溶液，当出现少量朱红色沉淀不再溶解时，停止滴加。

3）在搅拌下，将冷却的 KOH 溶液缓慢地加入上述二氧化汞和碘化钾的混合液中，加水稀释至 100mL，混匀，静置过夜，取上清液移入聚乙烯瓶中，密塞保存。

（3）氨氮标准储备液（$\rho = 1.00$mg/mL）。称取 3.819g 经 100℃ 干燥过的优级纯氯化铵溶于水中，移入 1000mL 容量瓶中，稀释至刻度线。

（4）氨氮标准使用液（$\rho = 0.010$mg/mL）。吸取 5.00mL 氨氮标准储备液于 500mL 容量瓶中，用水稀释至刻度线。

（5）酒石酸钾钠溶液。称取 50g 酒石酸钾钠（$KNaC_4H_4O_6 \cdot 4H_2O$）溶于 100mL 水中，加热煮沸以除去氨，放冷，定容至 100mL。

（6）吸收液。硼酸溶液：称取 20g 硼酸溶于水，稀释至 1L。

（7）0.05% 溴百里酚蓝指示液（pH = 6.0~7.6）

（8）轻质氧化镁（MgO）。将氧化镁在 500℃ 下加热，以除去碳酸盐。

（9）1mol/L 氢氧化钠溶液。

（10）1mol/L 盐酸溶液。

五、实训步骤

（一）水样预处理

水样带色或浑浊以及含其他一些干扰物质会影响氨氮的测定。为此，在分析时需作适当的预处理。对较清洁的水可采用絮凝沉淀法；对污染严重的水或工业废水，则采用蒸馏法消除干扰。

1. 絮凝沉淀法

取 100mL 水样于具塞量筒或比色管中，加入 1mL、10% 硫酸锌溶液和 0.1~0.2mL 25% 氢氧化钠溶液，调节 pH 值至 10.5 左右，混匀；放置使其沉淀，用经无氨水充分洗涤过的中速滤纸过滤，弃去初馏液 20mL。

2. 蒸馏法

蒸馏装置的预处理：加 250mL 水样于凯氏烧瓶中，加 0.25g 轻质氧化镁和数粒玻璃珠，加热蒸馏至流出液不含氮为止，弃去瓶内残液。

分取 250mL 水样（如氨氮含量较高，可分取适量并加水至 250mL，使氨氮含量不超过 2.5mg），移入凯氏烧瓶中，加数滴溴百里酚蓝指示液，用氢氧化钠溶液或盐酸溶液调节至 pH 值为 7 左右；加入 0.25g 轻质氧化镁和数粒玻璃珠，立即连接氮球和冷凝管，导管下端插入吸收液面下（以 50mL 硼酸溶液为吸收液），加热蒸馏至蒸馏液达 200mL 时，停止蒸馏，定容至 250mL。

（二）标准曲线绘制

吸取 0mL、0.20mL、0.50mL、1.00mL、2.00mL、3.00mL、4.00mL 和 5.00mL 铵标准使用液于 25mL 比色管中，加 1.0mL 酒石酸钾钠溶液，加 1.0mL 纳氏试剂，加水稀至标线，混匀。放置 5min 后，在波长 420nm 处用光程 2cm 比色皿，以空白为参比，测定吸光度。以铵含量（mg）对吸光度作标准曲线。

（三）水样测定

分别取 3.0mL、5.0mL 馏出液（体积随水样不同而不同），加入 25mL 比色管中，加 1.0mL 酒石酸钾钠溶液，加入 1.0mL 纳氏试剂，混匀，稀释至 25.00mL，放置 5min 后，同标准曲线步骤测量吸光度。

（四）空白测定

以无氨水代替水样，做全程序空白测定。

六、数据处理

（1）原始数据记录。

标准曲线（分光光度法）原始数据记录表：

铵标液体积/mL	0	0.20	0.50	1.00	2.00	3.00	4.00
铵含量/mg							
吸光度 A							

蒸馏水样体积/mL		
吸光度 A		
氨氮的量/mg		
馏出液中氨氮总量/mg		
水样中氨氮含量/mg·L^{-1}		
平均值/mg·L^{-1}		

（2）绘制吸光度对铵含量（mg）的标准曲线。从标准曲线上查得氨氮含量（mg），计算馏出液中氨氮总量（mg），并计算原水样的氨氮含量（mg/L）：

$$氨氮（N, mg/L）= \frac{m}{V} \times 1000$$

式中 m——馏出液中氨氮总量，mg；

V——水样体积，mL。

七、注意事项

（1）该方法适用于地表水、地下水、工业废水和生活污水的测定。最低检出限为
0.025mg/L，测定上限为2mg/L。

（2）滤纸中常含有痕量铵盐，使用时注意用无氨水洗涤。

（3）所用的玻璃皿应避免实训室空气中氨的沾污。

（4）配制试剂时应使用无氨水。

任务九 化学需氧量 COD 的测定

化学需氧量（COD）是指在一定的条件下，用强氧化剂重铬酸钾处理水样时所消耗氧化剂的量，折算成每升水样全部被氧化后需要的氧量，以 mg/L 来表示。

化学需氧量反映了水中受还原性物质污染的程度，水中还原性物质包括有机物、亚硝酸盐、亚铁盐、硫化物等。化学需氧量是有机物相对含量的指标之一，但只能反映能被氧化的有机污染，不能反映多环芳烃、PCB、二噁英类等的污染状况。

一、预习思考

（1）预习《水质 化学需氧量的测定 重铬酸盐法》（GB 11914—1989）

（2）测定化学需氧量时，在回流过程中如果溶液颜色变绿说明什么问题？应如何处理？

（3）测定化学需氧量实训使用的催化剂为何种物质？水样中的氯离子应如何消除？

二、实训目的

（1）熟悉回流装置的安装操作。

（2）掌握重铬酸钾法测定化学需氧量的方法。

三、原理

在强酸性溶液中，用一定量的重铬酸钾氧化水样中还原性物质，过量的重铬酸钾以试亚铁灵作指示剂，用硫酸亚铁铵溶液回滴。根据硫酸亚铁铵的用量计算出水样中还原性物质消耗氧的量。反应式如下：

$$3C+2Cr_2O_7^{2-}+16H^+ \longrightarrow 4Cr^{3+}+3CO_2\uparrow+8H_2O$$
$$6Fe^{2+}+Cr_2O_7^{2-}+14H^+ \longrightarrow 6Fe^{3+}+2Cr^{3+}+7H_2O$$

四、实训准备

（一）样品的采集和保存

水样采集在玻璃瓶内，应尽快分析。不能及时分析时可加硫酸将水样酸化至 pH<2，于 4℃下存放，5 天内分析。采样量为 500mL。

容器的洗涤方法采用 I 法（HJ 493—2009 规定洗涤剂洗一次，自来水洗三次，蒸馏水洗一次）。

（二）实训仪器和试剂

实训仪器：500mL 全玻璃回流装置，加热装置（电炉），酸式滴定管。

实训试剂：

（1）重铬酸钾标准溶液 $[C(1/6K_2Cr_2O_7)=0.2500\text{mol/L}]$。称取预先在 120℃烘箱中烘干 2h 的基准或优质纯重铬酸钾 12.258g 溶于水中，移入 1000mL 容量瓶，稀释至标线，摇匀。

（2）试亚铁灵指示液。称取 1.485g 邻菲啰啉（$C_{12}H_8N_2 \cdot H_2O$）和 0.695g 硫酸亚铁（$FeSO_4 \cdot 7H_2O$）溶于水中，稀释至 100mL，储于棕色瓶中。

（3）硫酸亚铁铵标准溶液 [$c(NH_4)2Fe(SO_4)_2 \cdot 6H_2O \approx 0.1mol/L$]。称取 39.5g 硫酸亚铁铵溶于水中，边搅拌边缓慢加入 20mL 浓硫酸，冷却后移入 1000mL 容量瓶中，加水稀释至标线，摇匀。临用前，用重铬酸钾标准溶液标定。

（4）硫酸-硫酸银溶液。加入 5g 硫酸银于 500mL 浓硫酸中，放置 1~2 天，不时摇动使其溶解。

五、实训步骤

（一）硫酸亚铁铵溶液标定

准确吸取 10.00mL 重铬酸钾标准溶液于 500mL 锥形瓶中，加水稀释至110mL 左右，缓慢加入 30mL 浓硫酸，摇匀。冷却后，加入 3 滴试亚铁灵指示液，用硫酸亚铁铵标准溶液滴定，溶液的颜色由黄色经蓝绿色至红褐色即为终点。记录硫酸亚铁铵溶液的用量。硫酸亚铁铵标准溶液的浓度按下式计算：

$$c = (0.2500 \times 10.00)/V$$

式中　c——硫酸亚铁铵标准溶液的浓度，mol/L；

　　　V——硫酸亚铁铵标准溶液的用量，mL。

需要平行标定 3 份，求出硫酸亚铁铵溶液浓度的算术平均值。

（二）样品测定

样品测定流程见图 3-1。

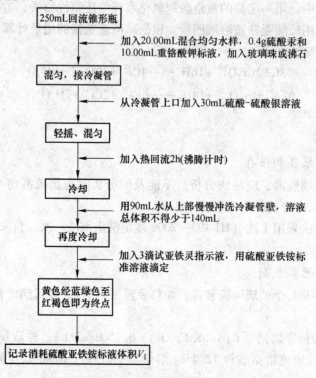

图 3-1　样品测定流程图

（三）空白测试

测定水样的同时，取 20.00mL 重蒸馏水，按同样分析测试过程做空白实训。记录滴定空白时硫酸亚铁铵标准溶液的用量 V_0。

六、数据处理

（1）填写化学需氧量分析原始数据记录表。

标定硫酸亚铁铵的用量及浓度计算

	1	2	3
硫酸亚铁铵 V/mL			
硫酸亚铁铵的浓度 c/mol·L^{-1}			
平均值 c/mol·L^{-1}			

水样和空白的硫酸亚铁铵的用量 $V_{样}$、V_0

$V_{样}$/mL	V_0/mL

（2）化学需氧量按下列公式计算：

$$COD(O_2, mg/L) = \frac{(V_0 - V_1) \times c \times 8 \times 1000}{V}$$

式中　c——硫酸亚铁铵标准溶液的浓度，mol/L；

　　　V_0——滴定空白时硫酸亚铁铵标准溶液的用量，mL；

　　　V_1——滴定水样时硫酸亚铁铵标准溶液的用量，mL；

　　　V——原始水样的体积，mL；

　　　8——1/2 氧的摩尔质量，g/mol。

七、注意事项

（1）该方法适用于各种类型的含 COD 值大于 30mg/L 的水样；测定上限为 700mg/L。

（2）使用 0.4g 硫酸汞络合氯离子的最高量可达 40mg，如取用 20.00mL 水样，即最高可络合 2000mg/L 氯离子浓度的水样。若氯离子的浓度较低，也可少加硫酸汞，使硫酸汞：氯离子 = 10：1（W/W）。

（3）水样取用体积可在 10.00 ~ 50.00mL 范围内，但试剂用量及浓度需按表 3-2 进行相应调整，才可得到满意的结果。

表 3-2　水样取用量和试剂用量

水样体积/mL	0.2500mol/L K$_2$Cr$_2$O$_7$ 溶液用量/mL	H$_2$SO$_4$-Ag$_2$SO$_4$ 溶液用量/mL	HgSO$_4$ 用量/g	[(NH$_4$)$_2$Fe(SO$_4$)$_2$] 浓度/mol·L^{-1}	滴定前总体积/mL
10.00	5.0	15	0.2	0.050	70
20.00	10.0	30	0.4	0.100	140
30.00	15.0	45	0.6	0.150	210
40.00	20.0	60	0.8	0.200	280
50.00	25.0	75	1.0	0.250	35

（4）对于化学需氧量小于 50mg/L 的水样，应改用 0.0250mol/重铬酸钾标准溶液，回滴时用 0.01mol/L 硫酸亚铁铵标准溶液。

（5）水样加热回流后，溶液中重铬酸钾剩余量应为加入量的 1/5~4/5 为宜。

（6）用邻苯二甲酸氢钾标准溶液检查试剂的质量和操作技术时，由于每克邻苯二甲酸氢钠的理论 COD 为 1.176g，所以将 0.4251g 邻苯二甲酸氢钠（HOOCC$_6$H$_4$COOK）用重蒸馏水溶解于 1000mL 容量瓶，稀释至标线，使之成为 500mg/L 的 COD 标准溶液。用时新配。

（7）每次实训时，应对硫酸亚铁铵标准溶液进行标定，室温较高时尤其注意其浓度的变化。

任务十　高锰酸盐指数的测定

以高锰酸钾溶液为氧化剂测得的化学需氧量称为高锰酸盐指数，它是反映水体中有机及无机可氧化物质污染的常用指标。此方法简便、快速，但不能代表水中有机物质的全部含量，因为含氮有机物在此条件下较难分解，故国际标准化组织（ISO）建议此指标仅限于测定地表水、饮用水和生活污水。

一、预习思考

（1）预习《水质　高锰酸盐指数的测定》（GB 11892—1989）。

（2）测定高锰酸盐指数时，高锰酸钾溶液的浓度为何要低于 0.01mol/L（$1/5KMnO_4$）？

（3）在水浴加热完毕后，水样溶液的红色全部褪去，说明什么？应如何处理？

二、实训目的

（1）熟悉滴定操作技术。

（2）掌握酸性法测定高锰酸盐指数的方法。

三、实训原理

在水样中加入硫酸使之呈酸性后，加入一定量的高锰酸钾溶液并加热，使其与水中有机物质反应，过量的高锰酸钾用过量的草酸钠溶液还原，再用高锰酸钾回滴过量的草酸钠，计算求出高锰酸盐指数。反应式如下：

$$4MnO_4^- + 12H^+ + 5C \longrightarrow 4Mn^{2+} + 5CO_2 \uparrow + 6H_2O$$

$$2MnO_4^- + 16H^+ + 5C_2O_4^{2-} \longrightarrow 2Mn^{2+} + 10CO_2 \uparrow + 8H_2O$$

四、实训准备

（一）样品的采集和保存

选择玻璃瓶盛装水样，采样量为 500mL。容器的洗涤方法采用 I 法（HJ 493—2009 规定，洗涤剂洗一次，自来水洗三次，蒸馏水洗一次）。加入硫酸将水样 pH 值酸化至 1~2，并尽快分析。如保存时间超过 6h，则于 0~5℃下存放，2 天内分析。

（二）实训仪器和试剂

实训仪器：恒温水浴装置、酸式滴定管等。

实训试剂：

（1）高锰酸钾标准储备溶液 [$c(1/5KMnO_4) = 0.1mol/L$]。称取 3.2g 高锰酸钾溶于 1.2L 水中，加热煮沸，使体积减少到约 1L，放置过夜，用 G—3 玻璃砂芯漏斗过滤后，滤液储于棕色瓶中保存。

（2）高锰酸钾标准溶液 [$c(1/5KMnO_4) = 0.01mol/L$]。吸取 100mL 上述 0.1mol/L 高锰酸钾溶液，用水稀释混匀，定容至 1000mL，储于棕色瓶中。使用当天应进行标定。

（3）草酸钠标准储备液 [$c(1/2Na_2C_2O_4) = 0.1000mol/L$]。称取 0.6705g 在 105~

110℃烘干 1h 并冷却的草酸钠溶于水，移入 100mL 容量瓶中，用水稀释至标线。

（4）草酸钠标准溶液 [$c(1/2Na_2C_2O_4)$= 0.0100mol/L]。吸取 10.00mL 上述草酸钠标准储备液，移入 100mL 容量瓶中，用水稀释至标线。

五、实训步骤

（一）样品测定

测定流程如图 3-2 所示。

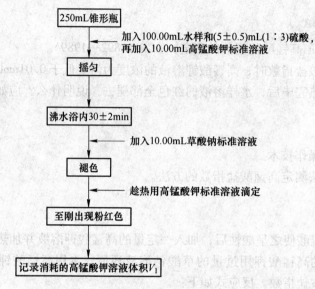

图 3-2　测定流程图

（二）K 值的测定

将上述已滴定完毕的溶液加热至 70℃，准确加入 10.00mL 草酸钠标准溶液 （0.0100mol/L），再用 0.01mol/L 高锰酸钾溶液滴定到显微红色。记录高锰酸钾溶液的消耗量。按下式求得高锰酸钾的校正系数（K）：

$$K = \frac{10.00}{V}$$

式中　V——高锰酸钾溶液消耗量，mL。

六、数据处理

（1）水样不经稀释：

$$高锰酸盐指数(O_2, mg/L) = \frac{[(10 + V_1)K - 10] \times c \times 8 \times 1000}{100}$$

式中　V_0——滴定水样时，消耗高锰酸钾的量，mL；

　　　　K——校正系数（每毫升高锰酸钾标准溶液相当于草酸钠标准溶液的毫升数）；

　　　　c——高锰酸钾溶液浓度，mol/L；

　　　　8——1/2 氧的摩尔质量，g/mol。

（2）水样经过稀释：

$$高锰酸盐指数（O_2，mg/L）=$$
$$\frac{\{[(10+V_1)K-10]-[(10+V_0)K-10]\times f\}\times c\times 8\times 1000}{V_2}$$

式中　V_0——空白试验时，消耗高锰酸钾溶液体积，mL；

　　　　V_2——测定时，所取样品体积，mL；

　　　　f——稀释样品时，100mL 测定试液中蒸馏水所占的比例（例如：10mL 样品用水稀释至 100mL，则 f=（100−10）/100=0.90）。

七、注意事项

（1）方法适用于饮用水、水源水、地表水的测定，测定范围为 0.5~4.5mg/L。氯离子浓度高于 300mg/L，采用碱性高锰酸钾法测定。

（2）新使用的玻璃器皿，应先用酸性高锰酸钾浸泡后，再清洗干净。

（3）沸水浴的水面要高于锥形瓶内的液面。

（4）样品加热氧化后剩余的 0.01mol/L 高锰酸钾为其加入量的 1/3~1/2 为宜。加热时，如溶液红色褪去，说明高锰酸钾量不够，须重新取样，并稀释后测定。

（5）滴定时温度如低于 60℃，反应速度缓慢，应加热至 80℃左右。

（6）沸水浴温度为 98℃。如在高原地区，报出测定结果时应注明水的沸点。

（7）注意滴定高锰酸钾速度的节奏为慢、快、慢。

任务十一　铅的测定

铅是可以在人体和动植物组织中蓄积的有毒金属。铅及其化合物主要损害的是人体中枢神经系统，还可以降低人体红细胞的输氧能力。铅摄入人体后，有90%以上储存于骨骼中，其余分布于肌肉组织、神经和肾脏中。急性铅中毒有便秘、腹绞痛、贫血等症状。长期接触低浓度的铅会对人体消化系统造成障碍，损伤肺中的吞噬细胞，使人体对病原体的抵抗力明显下降。此外，严重的铅污染还会降低儿童智力。

一、预习思考

（1）预习《水质　铜、锌、铅、镉的测定　原子吸收分光光度法》（GB 7475—1987）。

（2）在原子吸收分析中为什么要使用空心阴极灯光源？

（3）在原子吸收光度计中为什么不采用连续光源（如钨丝灯或氙灯），而在分光光度计中需要采用连续光源？

二、实训目的

（1）掌握原子吸收分光光度计的使用方法。

（2）掌握原子吸收分光光度法（直接法）测定铅的方法。

（3）学会标准曲线定量的方法。

三、原理

样品经适当处理后，导入火焰原子化器，经原子化后，待测元素的基态原子吸收来自空心阴极灯发射的特征谱线，其吸光度与待测元素的浓度成正比，最后用标准曲线法进行定量。

四、实训准备

（一）样品的采集和保存

将水样采集到聚乙烯瓶或硬质玻璃瓶中，采集量为250mL。样品采集后加入硝酸保存（加入量为1%，如果水样为中性，1L水样中加浓硝酸10mL），可以保存14天。

容器的洗涤方法采用Ⅲ法（HJ 493—2009规定洗涤剂洗一次，自来水洗两次，（1∶3）硝酸荡洗一次，自来水洗三次，去离子水洗一次）。

（二）实训仪器

原子吸收分光光度计、铅空心阴极灯、50mL容量瓶灯。

（三）实训试剂

（1）铅标准储备液$\rho(Pb) = 1.0000mg/mL$。取0.5000g金属铅（99.9%）置于100mL烧杯中，加（1∶1）硝酸20mL使其完全溶解，冷却后再加（1∶1）硝酸20mL，混匀，转移到500mL容量瓶中，用去离子水定容，摇匀后储于塑料瓶中。

（2）铅标准使用液$\rho(Pb) = 0.1000mg/mL$ 铅标准储备液，用0.2%硝酸溶液定容至 100mL。

五、实训步骤

（一）水样预处理

取 100mL 水样放入 200mL 烧瓶中，加入硝酸 5mL，在电热板上加热消解（不要沸腾）。蒸至 10mL 左右，加入 5mL 硝酸和 2mL 高氯酸，继续消解，直至 1mL 左右。如果消解不完全，可再加水定容至 100mL（空白样也要按上述相同的程序操作）。

（二）标准曲线绘制

吸取铅标准使用液 0.00mL、0.50mL、1.00mL、3.00mL、5.00mL、10.00mL，分别放入 6 个 100mL 容量瓶中，用 0.2% 硝酸溶液稀释定容。选择波长 283.3nm 铅分析线，调节空气-乙炔火焰。仪器用 0.2% 硝酸溶液调零，从低浓度到高浓度的顺序依次进样，测定其吸光度。以经校正后的吸光度为纵坐标，以铅含量（μg）为横坐标，用 Excel 线性回归得到标准曲线回归方程。

（三）样品测定

取一定体积水样置于 100mL 容量瓶中，用 0.2% 硝酸溶液定容。按样品测定步骤测量吸光度，扣除空白吸光度后，用校准曲线方程计算试样中铅的浓度（或仪器可以直读出试样中铅的浓度）。如水样成分复杂需进行预处理。

（四）空白测定

往容量瓶中加入 100mL 0.2% 硝酸溶液，按与样品测定相同的步骤进行全程序空白试验。

六、数据处理

水样中铅的浓度按下列公式计算：

$$\rho = \frac{A - A_0 - a}{b \times V}$$

式中　ρ——水样中铅的质量浓度，mg/L；

　　A——水样的吸光度；

　　A_0——空白试验的吸光度；

　　a——校准曲线的截距；

　　b——校准曲线的斜率；

　　V——试样体积，mL。

七、注意事项

（1）直接吸入火焰原子吸收法适用于工业废水和受污染的水中铅的测定，适用浓度范围为 0.2~10mg/L；萃取火焰原子吸收法适用于清洁水和地表水中铅的测定，适用浓度范围为 10~200μg/L。

（2）点火时，先输入空气，再打开乙炔钢瓶压力阀；工作结束时，先关闭乙炔钢瓶压力阀，再关闭空压机。

（3）总铅是指未经过过滤的水样，经强烈消解后测定的铅，或样品中溶解和悬浮的两部分铅的总和；溶解的铅是指未酸化的样品中能通过 0.45μm 滤膜的部分。

（4）分析时均使用符合国家标准的分析纯化学试剂，试验用水为新制备的去离子水。

任务十二　生化需氧量的测定

生化需氧量是指在规定的条件下，好氧微生物在分解水中某些可氧化物质，尤其是有机物的生物化学氧化过程中消耗的溶解氧量。其中也包括硫化物、亚铁等还原性无机物质氧化消耗的氧量，但这部分通常占的比例很小。生化需氧量是反映水体被有机物污染程度的总和指标，也是研究废水的可生化降解性和生化处理效果以及生化处理废水工艺设计和动力学研究中的重要参数。

BOD_5 测定的是 5 日培养过程中溶解氧的损失量，故对于较清洁的水（损失量小于 $7mg/L$）可以不必稀释，直接测定；对于有机物浓度较高的水则需先进行稀释，稀释倍数视有机物浓度而定。如样品中有机物含量较小，BOD_5 的质量浓度不大于 $6mg/L$，且样品中有足够的微生物，用非稀释法测定；若样品中的有机物含量较少，BOD_5 的质量浓度不大于 $6mg/L$，但样品中无足够的微生物，如酸性废水、碱性废水、高温废水、冷冻保存的废水或经过氯化处理等的废水，采用非稀释接种法测定；若试样中的有机物含量较多，BOD_5 的质量浓度大于 $6mg/L$，且样品中有足够的微生物，采用稀释法测定；若试样中的有机物含量较多，BOD_5 的质量浓度大于 $6mg/L$，但试样中无足够的微生物，采用稀释接种法测定。

一、预习思考

（1）预习《水质　五日生化需氧量（BOD_5）的测定　稀释与接种法》（HJ 505—2009）。

（2）测定 BOD_5 时，地表水及工业废水的稀释倍数应如何确定？

（3）测定 BOD_5 时，经 5 天培养后，测其溶解氧时，当向水样中加 $1mL$ $MnSO_4$ 及 $2mL$ 碱性 KI 溶液后，瓶内出现白色絮状沉淀，这是为什么？应如何处理？

二、实训目的

（1）熟悉水样稀释接种的过程。

（2）掌握稀释与接种法测定生化需氧量的方法。

三、原理

生化需氧量是指在规定的条件下，微生物分解水中的某些可氧化的物质，特别是分解有机物的生物化学过程消耗的溶解氧。通常情况下是指水样充满完全密闭的溶解氧瓶中，在 (20 ± 1)℃的暗处培养 $5d\pm4h$ 或 $(2+5)d\pm4h$，先在 $0\sim4$℃的暗处培养 2 天，接着在 (20 ± 1)℃的暗处培养 5 天，分别测定培养前后水样中溶解氧的质量浓度，由培养前后溶解氧的质量浓度之差，计算每升样品消耗的溶解氧量，以 BOD_5 形式表示。

四、实训准备

（一）样品的采集和保存

采集的样品应充满并密封于棕色玻璃瓶中，样品量不少于 $1000mL$，在 $0\sim4$℃的暗处运输和保存，并于 24h 内尽快分析。24h 内不能分析，可冷冻保存（冷冻保存时避免样品瓶破裂），冷冻样品分析前需解冻、均质化和接种处理。

容器的洗涤方法采用 Ⅰ 法（HJ 493—2009 规定洗涤剂洗一次，自来水洗三次，蒸馏水洗一次）。

（二）实训仪器

滤膜（孔径为 1.6μm）、溶解氧瓶（带水封装置，容积 250~300mL）、1000~2000mL 的量筒或容量瓶、虹吸管、冰箱、带风扇的恒温培养箱、曝气装置等。便携式防水溶解氧测定仪。

（三）实训试剂

（1）水。实训用水为符合 GB/T 6682—2008 规定的三级蒸馏水，且水中铜离子的质量浓度不大于 0.01mg/L，不含有氯或氯铵等物质。

（2）接种液。可购买接种微生物用的接种物质，接种液的配制和使用按说明书的要求操作，也可按以下方法获得接种液：

1）未受工业废水污染的生活污水。化学需氧量不大于 300mg/L，总有机碳不大于 100mg/L。

2）含有城镇污水的河水或湖水。

3）污水处理厂的出水。

4）分析含有难降解物质的工业废水时，在其排污口下游适当处取水样作为废水的驯化接种液；也可取中和或经适当稀释后的废水进行连续曝气，每天加入少量该种废水，同时加入少量生活废水，使适应该种废水的微生物大量繁殖。当水中出现大量的絮状物时，表明微生物已繁殖，可用作接种液。一般驯化过程需 3~8 天。

（3）盐溶液：

1）磷酸盐缓冲溶液。将 8.5g 磷酸二氢钾、21.75g 磷酸氢二钾、33.4g 磷酸氢二钠和 1.7g 氯化铵溶于水中，稀释至 1000mL，此溶液的 pH 值应为 7.2。

2）硫酸镁溶液（$\rho = 11.0g/L$）。将 22.5g 硫酸镁（$MgSO_4 \cdot 7H_2O$）溶于水中，稀释至 1000mL。此溶液在 0~4℃ 可稳定保存 6 个月，若发现任何沉淀或微生物生长应弃去。

3）氯化钙溶液（$\rho = 27.6g/L$）。将 27.6g 无水氯化钙溶于水，稀释至 1000mL。此溶液在 0~4℃ 可稳定保存 6 个月，若发现任何沉淀或微生物生长应弃去。

4）氯化铁溶液（$\rho = 0.15g/L$）。将 0.25g 氯化铁（$FeCl_3 \cdot 6H_2O$）溶于水，稀释至 1000mL。此溶液在 0~4℃ 可稳定保存 6 个月，若发现任何沉淀或微生物生长应弃去。

（4）稀释水。在 5~20L 玻璃瓶内装入一定量的水，控制水温在（20±1）℃。用曝气装置至少曝气 1h，使水中的溶解氧达到 8mg/L 以上。临用前于每升水中加入上述四种盐溶液各 1mL。并混合均匀。稀释水的 pH 值应为 7.2，其 BOD_5 应小于 0.2mg/L。在曝气的过程中防止污染，特别是防止带入有机物、金属、氧化物或还原物。稀释水中氧的浓度不能过饱和，使用前需开口放置 1h，且应在 24h 内使用。剩余的稀释水应弃去。

（5）接种稀释水。根据接种液的来源不同，每升稀释水中加入适量接种液：城市生活污水和污水处理厂出水加 1~10mL，河水或湖水加 10~100mL，将接种稀释水存放在（20±1）℃ 的环境中，当天配制当天使用。接种的稀释水 pH 值为 7.2，BOD_5 应小于 1.5mg/L。

（6）盐酸溶液（$C = 0.5$ mol/L）。将 40mL 盐酸（$\rho = 1.18$ g/mL）溶于水，稀释至 1000mL。

（7）氢氧化钠溶液（$C = 0.5$ mol/L）。将 20g 氢氧化钠溶于水，稀释至 1000mL。

（8）亚硫酸钠溶液（$C = 0.025$ mol/L）。将 1.575g 亚硫酸钠溶于水，稀释至 1000mL。此溶液不稳定，需现用现配。

（9）丙烯基硫脲硝化抑制剂（$\rho = 1.0$ g/L）。溶解 0.20g 丙烯基硫脲于 200mL 水中混合，4℃保存，此溶液可稳定保存 14 天。

（10）碘化钾溶液（$\rho = 100$ g/L）。将 10g 碘化钾溶于水中，稀释至 100mL。

（11）淀粉溶液（$\rho = 5$ g/L）。将 0.50g 淀粉溶于水中，稀释至 100mL。

五、实训步骤

（一）样品预处理

1. 调节 pH 值

若样品或稀释后样品 pH 值不在 6~8 范围内，应用盐酸溶液（$C = 0.5$ mol/L）或氢氧化钠溶液（$C = 0.5$ mol/L）调节其 pH 值至 6~8。

2. 去除余氯和结合氯

若样品中含有少量余氯，一般在采样后放置 1~2h，游离氯即可消失。对在短时间内不能消失的余氯，可加入适量亚硫酸钠溶液去除样品中存在的余氯和结合氯，加入的亚硫酸钠溶液的量由下述方法确定。

取已中和好的水样 100mL，加入（1+1）乙酸溶液 10mL、碘化钾溶液 1mL，混匀，暗处静置 5min。用亚硫酸钠溶液滴定析出的碘至淡黄色，加入 1mL 淀粉溶液呈蓝色；再继续滴定至蓝色刚刚褪去，即为终点，记录所用亚硫酸钠溶液体积，由亚硫酸钠溶液消耗的体积计算出水样中应加亚硫酸钠溶液的体积。

3. 样品均质化

含有大量颗粒物、需要较大稀释倍数的样品或经冷冻保存的样品，测定前均需将样品搅拌均匀。

4. 去除藻类

若样品中有大量藻类存在，BOD_5 的测定结果会偏高。当分析结果精度要求较高时，测定前应用滤孔为 1.6μm 的滤膜过滤。检测报告中应注明滤膜滤孔的大小。

5. 含盐量低的样品

若样品含盐量低，非稀释样品的电导率小于 125μS/cm 时，需加入适量相同体积的上述四种盐溶液，使样品的电导率大于 125μS/cm。每升样品中至少需加入各种盐的体积 V 按下式计算：

$$V = (\Delta K - 12.8)/113.6$$

式中　V——需加入各种盐的体积，mL；

ΔK——样品需要提高的电导率值，μS/cm。

（二）样品准备

测定前使待测试样的温度达到（20±2）℃，若样品中溶解氧浓度低，需要曝气 15min，充分振摇赶走样品中残留的空气泡；若样品中氧气过饱和，将容器 2/3 体积充满样品，用力振荡赶出过饱和氧，然后根据试样中微生物含量确定测定方法。

（三）稀释倍数确定

样品稀释的程度应使消耗的溶解氧质量浓度不小于 2mg/L，培养后样品中剩余溶解氧质量浓度不小于 2mg/L，且试样中剩余的溶解氧的质量浓度为开始浓度的 1/3～2/3 为最佳。稀释倍数可根据样品的总有机碳（TOC）、高锰酸盐指数（IMn）或化学需氧量（COD）的测定值，按照表 3-3 列出的 BOD_5 与总有机碳（TOC）、高锰酸钾盐（IMn）或化学需氧量（COD）的比值 R 估计 BOD_5 的期望值（R 与样品的类型有关），再根据表 3-4 确定稀释因子。当不能准确地选择稀释倍数时，一个样品做 2～3 个不同的稀释倍数。

由表 3-3 选择适当的 R 值，按下面公式计算 BOD_5 的期望值：

$$P = R \cdot Y$$

式中　P——五日生化需氧量浓度的期望值，mg/L；

　　　Y——总有机碳（TOC）、高锰酸盐指数（IMn）或化学需氧量（COD）的值，mg/L。

表 3-3　典型的比值 R

水样的类型	总有机碳 R（BOD_5/TOC）	高锰酸盐指数 R（BOD_5/IMn）	化学需氧量 R（BOD_5/COD）
未处理的废水	1.2～2.8	1.2～1.5	0.35～0.65
生化处理的废水	0.3～1.0	0.5～1.2	0.20～0.35

由估算出的 BOD_5 的期望值，按表 3-4 确定样品的稀释倍数。

表 3-4　BOD_5 测定的稀释倍数

BOD_5 的期望值/mg·L^{-1}	稀释倍数	水　样　类　型
6～12	2	河水，生物净化的城市污水
10～30	5	河水，生物净化的城市污水
20～60	10	生物净化的城市污水
40～120	20	澄清的城市污水或轻度污染的工业废水
100～300	50	轻度污染的工业废水或原城市污水
200～600	100	轻度污染的工业废水或原城市污水
400～1200	200	重度污染的工业废水或原城市污水
1000～3000	500	重度污染的工业废水
2000～6000	1000	重度污染的工业废水

（四）样品测定

按照表 3-3 和表 3-4 方法确定好稀释倍数，用稀释水或接种稀释水稀释样品。如果有可能发生硝化反应，需要在每升试样培养液中加入 2mL 丙烯基硫脲硝化抑制剂。将一定体积的试样或处理后的试样用虹吸管加入已加部分稀释水或接种稀释水的稀释容器中，加稀释水或接种稀释水至刻度，轻轻混合避免残留气泡，等待测定。若稀释倍数超过 100 倍，可进行两步或多步稀释。

将试样充满两个溶解氧瓶中，使试样少量溢出，防止试样中的溶解氧质量浓度改变，使瓶中存在的气泡靠瓶壁排除。将其中一瓶盖上瓶盖，加上水封，在瓶盖外罩上一个密封罩，防止培养期间水封水蒸发干，在恒温培养箱中培养 5d±4h 或（2+5）d±4h 后，用碘量法（电极法）测定试样中溶解氧的质量浓度；另一瓶在 15min 后测定试样在培养前溶解氧的质量浓度。

（五）空白测定

空白试液为稀释水或接种稀释水，需要时每升试样加入 2mL 丙烯基硫脲硝化抑制剂。测定方法同样品的测定方法。

六、数据处理

稀释法和稀释接种法按下式计算样品 BOD_5 的测定结果：

$$\rho = \frac{(\rho_1 - \rho_2) - (\rho_3 - \rho_4) \cdot f_1}{f_2}$$

式中 ρ——五日生化需氧量质量浓度，mg/L；

ρ_1——稀释水样（或接种稀释水样）在培养前的溶解氧质量浓度，mg/L；

ρ_2——稀释水样（或接种稀释水样）在培养后的溶解氧质量浓度，mg/L；

ρ_3——空白样在培养前的溶解氧质量浓度，mg/L；

ρ_4——空白样在培养后的溶解氧质量浓度，mg/L；

f_1——接种稀释水或稀释水在培养液中所占的比例；

f_2——原样品在培养液中所占的比例。

七、注意事项

（1）本标准适用于地表水、工业废水和生活污水中五日生化需氧量（BOD_5）的测定。方法的检出限为 0.5mg/L，方法的测定下限为 2mg/L，非稀释法和非稀释接种法的测定上限为 6mg/L，稀释与非稀释接种法的测定上限为 6000mg/L。

（2）每一批样品做两个分析空白试样，稀释法空白试样的测定结果不能超过 0.5mg/L，非稀释接种法和稀释接种法空白试样的测定结果不能超过 1.5mg/L，否则应检查可能的污染来源。

（3）每一批样品要求做一个标准样品，样品的配制方法如下：取 20mL 葡萄糖-谷氨酸标准溶液于稀释容器中，用接种稀释水稀释至 1000mL，测定 BOD_5，测定结果 BOD_5 应在 180～230mg/L，否则应检查接种液、稀释水的质量。

（4）BOD_5 测定结果以氧的质量浓度（mg/L）报出。对稀释于接种法，如果有几个稀释倍数的结果满足要求，结果取这些稀释倍数结果的平均值。

（5）结果小于 100mg/L，保留一位小数；100～1000mg/L，取整数位；大于 1000mg/L 以科学计数法报出。结果报告中应注明样品是否经过过滤、冷冻过均质化处理。

任务十三　水中挥发酚类的测定

一、实训目的

（1）掌握用蒸馏法预处理水样酚的方法。

（2）掌握分光光度测定挥发酚的原理和方法。

二、原理

酚类化合物于 pH 值为 10.0±0.2 的介质中，在铁氰化钾存在的条件下，与 4-氨基安替比林（4-AAP）反应，生成橙红色的吲哚酚氨基安替比林染料，其水溶液在 510nm 波长处有最大吸收。

当水样中存在氧化剂、还原剂、油类及某些金属离子时，均应设法消除并进行预蒸馏。对硫化物可加入硫酸铜使之沉淀，或在酸性条件下使其以硫化氢形式逸出。

三、实训准备

（一）仪器

500mL 全玻璃蒸馏器，50mL 具塞比色管，分光光度计。

（二）试剂

（1）无酚水。于 1L 水中加入 0.2g 经 200℃ 活化 0.5h 的活性炭粉末，充分振摇后，放置过夜。用双层中速滤纸过滤，滤出液储于硬质玻璃瓶中备用。或加氢氧化钠使水呈强碱性，并滴加高锰酸钾溶液至紫红色，移入蒸馏瓶中加热蒸馏，收集馏出液备用。

（2）硫酸铜溶液。称取 50g 硫酸铜（$CuSO_4 \cdot 5H_2O$）溶于水，稀释至 500mL。

（3）磷酸溶液。量取 10mL 85% 的磷酸用水稀释至 100mL。

（4）甲基橙指示剂溶液。称取 0.05g 甲基橙溶于 100mL 水中。

（5）苯酚标准储备液（约 1mg/mL）。称取 1.00g 无色苯酚溶于水，移入 1000mL 容量瓶中，稀释至标线，标定，置于冰箱内备用。

（6）苯酚标准液（0.010mg/mL）。取 10mL 的 1mg/mL 苯酚标准储备液于 250mL 容量瓶中，用水稀释至刻度，配成 0.010mg/mL 苯酚。使用时当天配制。

（7）缓冲溶液（pH 值约为 10）。称取 7g 氯化铵溶于适量水中，加入 57mL 氨水中，加水稀至 100mL。

（8）2%（m/V）4-氨基安替比林溶液。称取 4-氨基安替比林（$C_{11}H_{13}N_3O$）2g 溶于水，稀释至 100mL。

注意：固体试剂易潮解、氧化，宜保存在干燥器中。

（9）8%（m/V）铁氰化钾溶液。（现配）称取 8g 铁氰化钾 {$K_3[Fe(CN)_6]$} 溶于水，稀释至 100mL。

四、实训步骤

（一）水样预处理

量取 100mL 水样置于蒸馏瓶中，加数粒小玻璃珠以防暴沸，再加二滴甲基橙指示液，用磷酸溶液调节至 pH＝4（溶液呈橙红色），加 5.0mL 硫酸铜溶液（如采样时已加过硫酸铜，则补加适量）。如加入硫酸铜溶液后产生较多量的黑色硫化铜沉淀，则应摇匀后放置片刻，待沉淀后再滴加硫酸铜溶液，至不再产生沉淀为止。

（二）水样蒸馏

连接冷凝器，加热蒸馏，至蒸馏出约 90mL 时停止加热，放冷。加水稀至 100mL。蒸馏过程中，如发现甲基橙的红色褪去，应在蒸馏结束后再加 1 滴甲基橙指示液。如发现蒸馏后残液不呈酸性，则应重新取样，增加磷酸加入量，进行蒸馏。

（三）标准曲线的绘制

于一组 8 支 50mL 比色管中，分别加入 0mL、0.25mL、0.50mL、1.50mL、2.50mL、3.50mL、5.00mL、6.00mL 苯酚标准液，然后加 0.5mL 缓冲溶液，0.5mL 4-氨基安替比林溶液，1.0mL 铁氰化钾溶液，加水稀释至 25mL 刻度，充分混匀，放置 10min 后立即于 510nm 波长处用 1cm 比色皿以空白为参比测量吸光度。绘制吸光度对苯酚含量（mg）的标准曲线。

（四）水样的测定

分别取 0.5mL、1.0mL、1.5mL 馏出液于 3 支 25mL 比色管中，然后加 0.5mL 缓冲溶液、0.5mL 4-氨基安替比林溶液、1.0mL 铁氰化钾溶液，加水稀释至刻度，充分混匀，放置 10min 后立即于 510nm 波长处用 1cm 比色皿以空白为参比测量吸光度。

五、数据处理

（1）绘制以吸光度 A 对酚含量（mg）的标准曲线。

酚标液体积/mL	0.00	0.25	0.50	1.50	2.50	3.50	5.00	6.00
酚标液浓度/mg								
吸光度 A								

（2）由水样测得吸光度后，从标准曲线上查得酚含量（mg），计算馏出液中酚总量（mg），并计算原水样中酚含量：

$$挥发酚类(以苯酚计,mg/L) = \frac{m}{V} \times 1000$$

式中　m——馏出液中苯酚总量，mg；

　　　V——移取馏出液体积，mL。

蒸馏水样体积/mL	0.5	1.0	1.5
吸光度 A			
酚的量/mg			

蒸馏水样体积/mL	0.5	1.0	1.5
馏出液中苯酚总量/mg			
水样中酚含量/mg·L^{-1}			
平均值			

六、思考题

（1）水样中加入硫酸铜的目的是什么？

（2）挥发酚类的测定为什么要预蒸馏？

任务十四　水中氟化物的测定（氟离子选择电极法）

一、实训目的

了解和掌握测定水中氟化物的方法和原理，熟悉氟离子选择电极法的操作。

二、原理

将氟离子选择电极和外参比电极（如甘汞电极）浸入欲测含氟溶液，构成原电池。该原电池的电动势与氟离子活度的对数呈线性关系，故通过测量电极与已知 F^- 浓度溶液组成的原电池电动势和电极与待测 F^- 浓度溶液组成原电池的电动势，即可计算出待测水样中 F^- 浓度。常用定量方法是标准曲线法和标准加入法。

对于污染严重的生活污水和工业废水，以及含氟硼酸盐的水样均要进行蒸馏。

三、实训准备

（1）仪器。氟离子选择性电极；

饱和甘汞电极或银-氯化银电极；

子活度计或 pH 计，精确到 0.1mV；

磁力搅拌器、聚乙烯或聚四氟乙烯包裹的搅拌子；

聚乙烯杯：100mL，150mL；

其他通常用的实验室设备。

（2）试剂。所用水为去离子水或无氟蒸馏水。

1）氟化物标准储备液。称取 0.2210g 基准氟化钠（NaF）（预先于 $105\sim110℃$ 烘干 2h，或者于 $500\sim650℃$ 烘干约 40min，冷却），用水溶解后转入 1000mL 容量瓶中，稀释至标线，摇匀。储存在聚乙烯瓶中。此溶液每毫升含氟离子 $100\mu g$。

2）氟化物标准溶液。用无分度吸管吸取氟化钠标准储备液 10.00mL，注入 100mL 容量瓶中，稀释至标线，摇匀。此溶液每毫升含氟离子 $10\mu g$。

3）乙酸钠溶液。称取 15g 乙酸钠（CH_3COONa）溶于水，并稀释至 100mL。

4）总离子强度调节缓冲溶液（TISAB）。称取 58.8g 二水合柠檬酸钠和 85g 硝酸钠，加水溶解，用盐酸调节 pH 值至 $5\sim6$，转入 1000mL 容量瓶中，稀释至标线，摇匀。

5）2mol/L 盐酸溶液。

四、实训步骤

（一）仪器准备和操作

按照所用测量仪器和电极使用说明，首先接好线路，将各开关置于"关"的位置，开启电源开关，预热 15min，以后操作按说明书要求进行。测定前，试液应达到室温，并与标准溶液温度一致（温差不得超过 $\pm1℃$）。

（二）标准曲线绘制

用无分度吸管吸取 1.00mL、3.00mL、5.00mL、10.00mL、20.00mL 氟化物标准溶液，

分别置于 5 支 50mL 容量瓶中，加入 10mL 总离子强度调节缓冲溶液，用水稀释至标线，摇匀。分别移入 100mL 聚乙烯杯中，各放入一只塑料搅拌子，按浓度由低到高的顺序依次插入电极，连续搅拌溶液，读取搅拌状态下的稳态电位值（E）。在每次测量之前，都要用水将电极冲洗干净，并用滤纸吸去水分。在半对数坐标纸上绘制 E-lgc_F 标准曲线，浓度标于对数分格上，最低浓度标于横坐标的起点线上。

（三）水样测定

用无分度吸管吸取适量水样，置于 50mL 容量瓶中，用乙酸钠或盐酸溶液调节至近中性，加入 10mL 总离子强度调节缓冲溶液，用水稀释至标线，摇匀。将其移入 100mL 聚乙烯杯中，放入一只塑料搅拌子，插入电极，连续搅拌溶液，待电位稳定后，在继续搅拌下读取电位值（E_X）。在每次测量之前，都要用水充分洗涤电极，并用滤纸吸去水分。根据测得的毫伏数，由标准曲线上查得氟化物的含量。

（四）空白实验

用蒸馏水代替水样，按测定样品的条件和步骤进行测定。

当水样组成复杂或成分不明时，宜采用一次标准加入法，以便减小基体的影响。其操作是：先按步骤（二）测定试液的电位值（E_1），然后向试液中加入一定量（与试液中氟的含量相近）的氟化物标准液，在不断搅拌下读取稳态电位值（E_2）。

五、数据处理

（1）标准曲线法。根据从标准曲线上查知稀释水样的浓度和稀释倍数即可计算水样中氟化物含量（mg/L）。

（2）标准加入法：

$$c_x = （c_s V_s）/（V_x + V_s）\times [10 \times \Delta E/S - V_x/（V_x + V_s）]^{-1}$$

式中　c_x——水样中氟化物（F^-）浓度，mg/L；

　　　V_x——水样体积，mL；

　　　c_s——F^-标准溶液的浓度，mg/L；

　　　V_s——加入 F^-标准溶液的体积，mL；

　　　ΔE——$\Delta E = E_1 - E_2$（对阴离子选择性电极），其中，E_1 为测得水样试液的电位值（mV），E_2 为试液中加入标准溶液后测得的电位值，mV；

　　　S——氟离子选择性电极的实测斜率。

如果 $V_s \ll V_x$，则上式可简化为：

$$c_x = c_x V_s（10^{\Delta E/S} - 1）^{-1}/V_x$$

六、注意事项

（1）电极用后应用水充分冲洗干净，并用滤纸吸去水分，放在空气中，或者放在稀的氟化物标准溶液中。如果短时间不再使用，应洗净，吸去水分，套上保护电极敏感部位的保护帽；电极使用前仍应洗净，并吸去水分。

（2）如果试液中氟化物含量低，则应从测定值中扣除空白试验值。

（3）不得用手触摸电极的敏感膜；如果电极膜表面被有机物等沾污，必须先清洗干净后才能使用。

（4）一次标准加入法所加入标准溶液的浓度（c_s），应比试液浓度（c_x）高 10~100 倍，加入的体积为试液的 1/10~1/100，以使体系的 TISAB 浓度变化不大。

七、思考题

通过水体氟化物的检测，与国家标准比较，你认为其含量是高还是低？

任务十五　水中总氮的测定
（碱性过硫酸钾消解紫外分光光度法）

一、实训目的

（1）了解紫外分光光度法原理；

（2）掌握水样品的消化及分析方法。

二、原理

在 60℃ 以上水溶液中，过硫酸钾可分解产生硫酸氢钾和原子态氧，硫酸氢钾在溶液中离解而产生氢离子，故在氢氧化钠的碱性介质中可促使分解过程趋于完全。

分解出的原子态氧在 120~4℃ 条件下，可使水样中含氮化合物的氮元素转化为硝酸盐，并且在此过程中有机物同时被氧化分解。可用紫外分光光度法于波长 220nm 和 275nm 处分别测出吸光度 A_{220} 及 A_{275}，按照下式求出校正吸光度 A：

$$A = A_{220} - 2A_{275} \tag{3-1}$$

按 A 的值查校准曲线并计算总氮（以 NO_3-N 计）含量。

三、实训准备

（一）试剂

（1）水，无氨。按下述方法之一制备：

1）离子交换法。将蒸馏水通过一个强酸型阳离子交换树脂（氢型）柱，流出液收集在带有密封玻璃盖的玻璃瓶中。

2）蒸馏法。在 1000mL 蒸馏水中，加入 0.10mL 硫酸，并在全玻璃蒸馏器中重蒸馏，弃去前 50mL 馏出液，然后将馏出液收集在带有玻璃塞的玻璃瓶中。

（2）氢氧化钠溶液（200g/L）。称取 20g 氢氧化钠（NaOH），溶于水（1）中，稀释至 100mL。

（3）氢氧化钠溶液（20g/L）。将（2）溶液稀释 10 倍而得。

（4）碱性过硫酸钾溶液。称取 40g 过硫酸钾（$K_2S_2O_8$），另称取 15g 氢氧化钠（NaOH），溶于水（1）中，稀释至 1000mL，溶液存放在聚乙烯瓶内，最长可储存一周。

（5）盐酸溶液（1+9）。

（6）硝酸钾标准溶液。

1）硝酸钾标准储备液（c =100mg/L）。将硝酸钾（KNO_3）在 105~110℃ 烘箱中干燥 3h，在干燥器中冷却后，称取 0.7218g，溶于水（1）中，移至 1000mL 容量瓶中，用水（1）稀释至标线在 0~10℃ 暗处保存，或加入 1~2mL 三氯甲烷保存，可稳定 6 个月。

2）硝酸钾标准使用液（c =10mg/L）。将储备液用水（1）稀释 10 倍而得。使用时配制。

（7）硫酸溶液（1+35）。

（二）仪器和设备

（1）常用实验室仪器。

（2）紫外分光光度计及 10mm 石英比色皿。

（3）医用手提式蒸气灭菌器或家用压力锅（压力为 1.1～1.4kg/cm。），锅内温度相当于 120～124℃。

（4）具玻璃磨口塞比色管，25mL。

所用玻璃器皿可以用盐酸（1+9）或硫酸（1+35）浸泡，清洗后再用无氨水冲洗数次。

采样和试样制备注意事项：

在水样采集后立即放入冰箱中或在低于 4℃ 的条件下保存，但不得超过 24h。水样放置时间较长时，可在 1000mL 水样中加入约 0.5mL 硫酸，酸化到 pH 值小于 2，并尽快测定。样品可储存在玻璃瓶中。在试样制备时，取实验室样品（1）用氢氧化钠溶液（3）或硫酸溶液（7）调节 pH 值至 5～9 从而制得试样。如果试样中不含悬浮物按下面实训步骤（2）测定，试样中含悬浮物则按实训步骤（3）测定。

四、实训步骤

（1）用无分度吸管取 10.00mL 试样（C_N 超过 100μg 时，可减少取样量并加水（1）稀释至 10mL）置于比色管中。

（2）试样不含悬浮物时，按下述步骤进行：

1）加入 5mL 碱性过硫酸钾溶液，塞紧磨口塞，用布及绳等方法扎紧瓶塞，以防弹出。

2）将比色管置于医用手提蒸气灭菌器中，加热，使压力表指针到 1.1～1.4kg/cm，当温度达 120～124℃后开始计时。或将比色管置于家用压力锅中，加热至顶压阀吹气时开始计时。保持此温度加热半小时。

3）冷却、开阀放气，移去外盖，取出比色管并冷至室温。

4）加盐酸（1+9）1mL，用无氨水稀释至 25mL 标线，混匀。

5）移取部分溶液至 10mm，石英比色皿中，在紫外分光光度计上以无氨水作参比，分别在波长为 220mm 与 275mm 处测定吸光度，并用式（3-1）计算出校正吸光度 A。

（3）试样含悬浮物时，先按上述实训步骤（2）中步骤1）～4）进行，然后待澄清后移取上清液到石英比色皿中。再按上述实训步骤（2）中步骤5）继续进行测定。

（4）空白试验。空白试验除以 10mL 水（1）代替试料外，采用与测定完全相同的试剂、用量和分析步骤进行平行操作。

注意：当测定在接近检测限时，必须控制空白试验的吸光度 A_b 不超过 0.03，超过此值，要检查所用水、试剂、器皿和家用压力锅或医用手提灭菌器的压力。

五、数据处理

（一）校准系列的制备

（1）用分度吸管向一组（10 支）比色管中分别加入硝酸盐氮标准使用溶液 0.0mL、0.10mL、0.30mL、0.50mL、0.70mL、1.00mL、3.00mL、5.00mL、7.00mL、10.00mL。

加水（1）稀释至 10.00mL。

（2）按实训步骤（2）中步骤 1）~5）进行测定。

（二）校准曲线的绘制

零浓度（空白）溶液和其他硝酸钾标准使用溶液将上述于波长 220nm 和 275nm 处测定吸光度后，分别按下式求出除零浓度外其他校准系列的校正吸光度 A_s 和零浓度的校正吸光度 A_0 及其差值 A_r：

$$A_s = A_{s220} - A_{s275}$$

$$A_b = A_{b220} - A_{b275}$$

$$A_r = A_s - A_b$$

式中　A_{s220}——标准溶液在 220nm 波长的吸光度；

　　　A_{s275}——标准溶液在 275nm 波长的吸光度；

　　　A_{b220}——零浓度（空白）溶液在 220nm 波长的吸光度；

　　　A_{b275}——零浓度（空白）溶液在 275nm 波长的吸光度。

按 A 值与相应的 NO_3-N 含量（μg）绘制校准曲线。

结果计算：

按式（3-1）计算得试样校正吸光度 A_r 在校准曲线上查出相应的总氮含数，总氮含量 c_N（mg/L）按下式计算：

$$c_N = \frac{m}{V}$$

式中　m——试样测出的含氮量，μg；

　　　V——测定用试样体积，mL。

六、思考题

水中的总氮包括哪些形态的氮？

任务十六　水中总磷的测定

一、实训目的

（1）了解水中总磷的测定原理；

（2）掌握水样品的消化及分析方法。

二、原理

在中性条件下用过硫酸钾（或硝酸-高氯酸）使试样消解，将所含磷全部氧化为正磷酸盐。在酸性介质中，正磷酸盐与钼酸铵反应，在锑盐存在下生成磷钼杂多酸后，立即被抗坏血酸还原，生成蓝色的络合物。

三、实训条件

（一）试剂

本标准（GB 11893—189）所用试剂除另有说明外，均应使用符合国家标准或专业标准的分析试剂和蒸馏水或同等纯度的水。

（1）硫酸（H_2SO_4），密度为 1.84g/mL。

（2）硝酸（HNO_3），密度为 1.4g/mL。

（3）氯酸（$HClO_4$），优级纯，密度为 1.68g/mL。

（4）硫酸（H_2SO_4）（1+1）。

（5）硫酸（约 $c(1/2H_2SO_4)=1mol/L$）。将 27mL 硫酸（1）加入 973mL 水中。

（6）氢氧化钠（NaOH）（1mol/L 溶液）。将 40g 氢氧化钠溶于水并稀释至 1000mL。

（7）氢氧化钠（NaOH）（6mol/L 溶液）。将 240g 氢氧化钠溶于水并稀释至 1000mL。

（8）过硫酸钾（50g/L 溶液）。将 5g 过硫酸钾（$K_2S_2O_4$）溶解于水，并稀释至 100mL。

（9）抗坏血酸（100g/L 溶液）。溶解 10g 抗坏血酸于水中，并稀释至 100mL。

将此溶液储于棕色的试剂瓶中，在冷处可稳定几周。如不变色可长时间使用。

（10）钼酸盐溶液。溶解 13g 钼酸铵于 100mL 水中，溶解 0.35g 酒石酸锑钾于 100mL 水中。边搅拌边把钼酸铵溶液徐徐加到 300mL 硫酸（4）中，加酒石酸锑钾溶液并且混合均匀。此溶液储存于棕色试剂瓶中在冷处可保存两个月。

（11）浊度-色度补偿液。混合两个体积硫酸（4）和一个体积抗坏血酸溶液（9）。使用当天配制。

（12）磷标准储备溶液。称取（0.2197±0.001）g 于 110℃ 干燥 2h 在干燥器中放冷的磷酸二氢钾，用水溶解后转移至 1000mL 容量瓶中，加入大约 800mL 水，加 5mL 硫酸（4）用水稀释至标线并混匀。1.00mL 此标准溶液含 50.0μg 磷。本溶液在玻璃瓶中可储存至少 6 个月。

（13）磷标准使用溶液：将 10.0mL 的磷标准储备溶液（12）转移至 250mL 容量瓶中，用水稀释至标线并混匀。1.00mL 此标准溶液含 2.0μg 磷。使用当天配制。

（14）酚酞（10g/L溶液）。0.5g酚酞溶于50mL 95%乙醇中。

（二）仪器

（1）医用手提式蒸气消毒器或一般压力锅（1.1~1.4kg/cm²）。

（2）50mL具塞（磨口）刻度管。

（3）分光光度计。

注：所有玻璃器皿均应用稀盐酸或稀硝酸浸泡。

四、实训步骤

（一）样和样品

采取500mL水样后加入1mL硫酸调节样品的pH值，使之低于或等于1，或不加任何试剂于冷处保存。

注：含磷量较少的水样，不要用塑料瓶采样，因磷酸盐易吸附在塑料瓶壁上。

试样的制备：

取25mL样品于具塞刻度管中。取时应仔细摇匀，以得到溶解部分和悬浮部分均具有代表性的试样。如样品中含磷浓度较高，试样体积可以减少。

（二）分析步骤

（1）标准溶液的准备。取7支具塞刻度管分别加入0.00mL、0.50mL、1.00mL、3.00mL、5.00mL、10.0mL、15.0mL磷酸盐标准溶液。之后加水至25mL。然后按测定步骤进行处理。

（2）消解。

过硫酸钾消解。向标准溶液和试样中各加4mL过硫酸钾，将具塞刻度管的盖塞紧后，用一小块布和线将玻璃塞扎紧（或用其他方法固定），放在大烧杯中置于高压蒸气消毒器中加热，待压力达1.1kg/cm²，相应温度为120℃时，保持30min后停止加热。待压力表读数降至零后，取出放冷。然后用水稀释至标线。

注：如用硫酸保存水样。当用过硫酸钾消解时，需先将试样调至中性。

硝酸—高氯酸消解。取25mL试样于锥形瓶中，加数粒玻璃珠，加2mL硝酸在电热板上加热浓缩至1：0mL。冷后加5mL硝酸，再加热浓缩至10mL，放冷。加3mL高氯酸，加热至高氯酸冒白烟，此时可在锥形瓶上加小漏斗或调节电热板温度，使消解液在锥形瓶内壁保持回流状态，直至剩下3~4mL，放冷。

加水10mL，加1滴酚酞指示剂。滴加氢氧化钠溶液至刚呈微红色，再滴加硫酸溶液使微红刚好退去，充分混匀。移至具塞刻度管中，用水稀释至标线。

注：1）用硝酸—高氯酸消解需要在通风橱中进行。高氯酸和有机物的混合物经加热易发生危险，需将试样先用硝酸溶解，然后再加入硝酸—高氯酸进行消解。

2）绝不可把消解的试样蒸干。

3）如消解后有残渣时，用滤纸过滤于具塞刻度管中，并用水充分清洗锥形瓶及滤纸，一并移到具塞刻度管中。

4）水样中的有机物用过硫酸钾氧化不能完全破坏时，可用此法消解。

（3）显色。

分别向各份消解液中加入 1mL 抗坏血酸溶液混匀，30s 后加 2mL 钼酸盐溶液充分混匀。

注：1）如试样中含有浊度或色度时，需配制一个空白试样（消解后用水稀释至标线）然后向试料中加入 3mL 浊度-色度补偿液（11），但不加抗坏血酸溶液和钼酸盐溶液。然后从试料的吸光度中扣除空白试料的吸光度。

2）砷大于 2mg/L 干扰测定，用硫代硫酸钠去除。硫化物大于 2mg/L 干扰测定，通氮气去除。铬大于 50mg/L：扰测定，用亚硫酸钠去除。

（4）测量。

室温下放置 15min 后，使用光程为 30mm 的比色皿，在 700mm 波长下以水做参比，测定上述标液和试样吸光度。扣除空白试验的吸光度后，从工作曲线上查得磷的含量。

注：如显色时室温低于 13℃，可在 20~30℃ 水浴上显色 15min 即可。

（5）工作曲线的绘制。

以标液浓度为横坐标，吸光度为纵坐标，扣除空白试验的吸光度后，用对应的磷的含量绘制工作曲线。

（三）结果的表示

总磷含量以 $C(\mathrm{mg/L})$ 表示，按下式计算：

$$C = m/V$$

式中　m——试样测得磷的质量，μg；

　　　V——测定用试样体积，mL。

五、思考题

水中的总磷包括哪些磷？

任务十七　水样中铀的测定（铀分析仪法）

一、实训目的

掌握铀分析仪的使用方法。

二、原理

直接向水样中加入荧光增强剂，使之与水样中铀酰离子生成一种简单的络合物，在激光（波长 337nm）辐射激发下产生荧光。采用标准铀加入法定量地测定铀。水样中常见干扰离子的含量为：锰（Ⅱ）小于 1.5μg/mL、铁（Ⅲ）小于 6μg/mL、铬（Ⅵ）小于 6μg/mL、腐殖酸小于 3μg/mL。

三、实训准备

（1）铀分析仪。最低检出限 0.02μg/L；

（2）微量注射器。50μL（或 0.1mL 玻璃移液管）。

（3）硝酸。密度为 1.42g/mL。

（4）氨水。

（5）荧光增强剂。荧光增强倍数不小于 100 倍。

（6）标准溶液

1）1.00×10^{-3}g/mL 铀标准储备液。

2）1.00×10^{-6}g/mL 铀标准溶液。取 1.00mL 铀标准储备液，用酸化水稀释至 1000mL。

四、实训步骤

取 5.00mL pH 值为 3.0~11.0 的被测水样（如铀含量较高，可用水适当稀释）于石英比色皿内，调节补偿器旋钮直至表头指示为零（不为零时，可记录读数 N_0）。

向样品内加入 0.5mL 荧光增强剂，充分混匀，测定荧光强度 N_1。

再向样品内加 0.050mL 0.100μg/mL 铀标准溶液（高档测量应加入 0.050mL 0.500μg/mL 铀标准溶液），充分混匀，测定荧光强度 N_2。

若加入荧光增强剂后，样品有白色沉淀产生，必须将被测样品经稀释或其他方法处理，不再产生沉淀后，方可进行测量。

五、结果计算

铀含量计算：

$$c = \frac{(N_1 - N_0)c_1 V_1 K}{(N_2 - N_1)V_0 R} \times 1000$$

式中　c——水样中铀的浓度，μg/L；

　　　N_0——未加荧光增强剂前样品的荧光强度；

　　　N_1——加荧光增强剂后样品的荧光强度；

N_2——加铀标准溶液后样品的荧光强度；

c_1——加入铀标准溶液的浓度，$\mu g/mL$；

V_1——加入铀标准溶液的体积，mL；

V_0——分析用水样的体积，mL；

K——水样稀释倍数；

R——全程回收率，%。

六、注意事项

（1）测量仪器在检定的有效周期内使用，并处于受控状态。

（2）实验中10%的样品做平行样。

（3）适用范围。适用于水样中铀的液体激光荧光法测定。

任务十八 水中大肠菌群的测定（多管发酵法）

一、实训目的

（1）掌握多管发酵法测定水中总大肠菌群的技术。

（2）巩固细菌学检验法的有关内容。

二、实训原理

总大肠菌群可用多管发酵法或滤膜法检验。多管发酵法的原理是根据大肠菌群细菌能发酵乳糖、产酸、产气，以及具备革兰氏染色阴性、无芽孢、呈杆状等有关特性，通过三个步骤进行检验求得水样中的总大肠杆菌群数。试验结果以最可能数（most probable number，MPN）表示。

三、实训仪器与试剂

（1）高压蒸汽灭菌器。

（2）恒温培养箱、冰箱。

（3）生物显微镜、载玻片。

（4）酒精灯、镍铬丝接种棒。

（5）培养皿（直径 100mm）、试管（5×150mm）、吸管（1mL、5mL、10mL）、烧杯（200mL、500mL、2000mL）、锥形瓶（500mL、1000mL）、采样瓶。

（6）乳糖蛋白胨培养液。将 10g 蛋白胨、3g 牛肉膏、5g 乳糖和 5g 氯化钠加热溶解于 1000mL 蒸馏水中，调节溶液 pH 值为 7.2～7.4，再加入 1.6% 溴甲酚紫乙醇溶液 1mL，充分混匀，分装于试管中，于 121℃ 高压灭菌器中灭菌 15min，储存于冷暗处备用。

（7）3 倍浓缩乳糖蛋白胨培养液。按上述乳糖蛋白胨培养液的制备方法配制。除蒸馏水外，各组分用量增加至 3 倍。

（8）品红亚硫酸钠培养基：

1）储备培养基的制备。于 2000mL 烧杯中，先将 20～30g 琼脂加到 900mL 蒸馏水中，加热溶解，然后加入 3.5g 磷酸氢二钾及 10g 蛋白胨，混匀，使其溶解，再用蒸馏水补充到 1000mL，调节溶液 pH 值为 7.2～7.4；趁热用脱脂棉或绒布过滤，再加入 10g 乳糖，混匀，定量分装于 250mL 或 500mL 锥形瓶内，置于高压灭菌器中，在 121℃ 灭菌 15min，储存于冷暗处备用。

2）平皿培养基的制备。将上法制备的储备培养基加热融化。根据锥形瓶内培养基的容量，用灭菌吸管按比例吸取一定量的 5% 碱性品红乙醇溶液，置于灭菌试管中；再按比例称取无水亚硫酸钠，置于另一灭菌空试管内，加灭菌水少许使其溶解，再置于沸水浴中煮沸 10min（灭菌）。用灭菌吸管吸取已灭菌的亚硫酸钠溶液，滴加于碱性品红乙醇溶液内至深红色再褪至淡红色为止（不宜多加）。将此混合液全部加入已融化的储备培养基内，并充分混匀（防止产生气泡）。立即将此培养基适量（约 15mL）倾入已灭菌的平皿内，待冷却凝固后，置于冰箱内备用，但保存时间不宜超过两周。如培养基已由淡红色变成深红色，则不能再用。

（9）伊红美蓝培养基：

1）储备培养基的制备。于 2000mL 烧杯中，先将 20~30g 琼脂加到 900mL 蒸馏水中，加热溶解。再加入 2.0g 磷酸二氢钾及 10g 蛋白胨，混合使之溶解，用蒸馏水补充至1000mL，调节溶液 pH 值为 7.2~7.4。趁热用脱脂棉或绒布过滤，再加入 10g 乳糖，混匀后定量分装于 250mL 或 500mL 锥形瓶内，于 121℃ 高压灭菌 15min，储于冷暗处备用。

2）平皿培养基的制备。将上述制备的储备培养基融化。根据锥形瓶内培养基的容量，用灭菌吸管按比例分别吸取一定量已灭菌的 2% 伊红水溶液（0.4g 伊红溶于 20mL 水中）和一定量已灭菌的 0.5% 美蓝水溶液（0.065g 美蓝溶于 13mL 水中），加入已融化的储备培养基内，并充分混匀（防止产生气泡），立即将此培养基适量倾入已灭菌的空平皿内，待冷却凝固后，置于冰箱内备用。

（10）革兰氏染色剂：

1）结晶紫染色液。将 20mL 结晶紫乙醇饱和溶液（称取 4~8g 结晶紫溶于 100mL 95%乙醇中）和 80mL 1% 草酸铵溶液混合、过滤。该溶液放置过久会产生沉淀，不能再用。

2）助染剂。将 1g 碘与 2g 碘化钾混合后，加入少许蒸馏水，充分振荡，待完全溶解后用蒸馏水补充至 300mL。此溶液两周内有效。当溶液由棕黄色变为淡黄色时应弃去。为易于储备，可将上述碘与碘化钾溶于 30mL 蒸馏水中，临用前再加水稀释。

3）脱色剂。95% 乙醇。

4）复染剂。将 0.25g 沙黄加到 10mL 95% 乙醇中，待完全溶解后，加 90mL 蒸馏水。

四、实训步骤

（一）生活饮用水

（1）初发酵试验。在两个已灭菌的 50mL 3 倍浓缩乳糖蛋白胨培养液的大试管或烧杯中（内有倒管），以无菌操作各加入已充分混匀的水样 100mL。在 10 支装有已灭菌的 5mL 3 倍浓缩乳糖蛋白胨培养液的试管中（内有倒管），以无菌操作加入充分混匀的水样10mL，混匀后置于 37℃ 恒温箱内培养 24h。

（2）平板分离。上述各发酵管经培养 24h 后，将产酸、产气及只产酸的发酵管分别接种于伊红美蓝培养基或品红亚硫酸钠培养基上，置于 37℃ 恒温箱内培养 24h，挑选符合下列特征的菌落：

1）伊红美蓝培养基上。深紫黑色，具有金属光泽的菌落；紫黑色，不带或略带金属光泽的菌落；淡紫红色，中心色较深的菌落。

2）品红亚硫酸钠培养基上。紫红色，具有金属光泽的菌落；深红色，不带或略带金属光泽的菌落；淡红色，中心色较深的菌落。

（3）取有上述特征的群落进行革兰氏染色：

1）用已培养 18~24h 的培养物涂片，涂层要薄。

2）将涂片在火焰上加温固定，待冷却后滴加结晶紫溶液，1min 后用水洗去。

3）滴加助染剂，1min 后用水洗去。

4）滴加脱色剂，摇动玻片，直至无紫色脱落为止（约 20~30s），用水洗去。

5）滴加复染剂，1min 后用水洗去、晾干、镜检，呈紫色者为革兰氏阳性菌，呈红色者为阴性菌。

（4）复发酵试验。上述涂片镜检的菌落如为革兰氏阴性无芽孢的杆菌，则挑选该菌落的另一部分接种于装有普通浓度乳糖蛋白胨培养液的试管中（内有倒管），每管可接种分离自同一初发酵管（瓶）的最典型菌落 1~3 个，然后置于 37℃恒温箱中培养 24h，有产酸、产气者（不论倒管内气体多少皆作为产气论），即证实有大肠菌群存在。根据证实有大肠菌群存在的阳性管（瓶）数查表 3-5"大肠菌群检数表"，报告每升水样中的大肠菌群数。

表 3-5　大肠菌群检数表（接种水样总量 mL（100mL 2 份，10mL 10 份））

10mL 水量的阳性管数	100mL 水量的阳性瓶数		
	0	1	2
	1L 水样中大肠菌群数	1L 水样中大肠菌群数	1L 水样中大肠菌群数
0	<3	4	11
1	3	8	18
2	7	13	27
3	11	18	38
4	14	24	52
5	18	30	70
6	22	36	92
7	27	43	120
8	31	51	161
9	36	60	230
10	40	69	>230

（二）水源水

（1）于各装有 5mL 3 倍浓缩乳糖蛋白胨培养液的 5 个试管中（内有倒管），分别加入 10mL 水样；于各装有 10mL 乳糖蛋白胨培养液的 5 个试管中（内有倒管），分别加入 1mL 水样；再于各装有 10mL 乳糖蛋白胨培养液的 5 个试管中（内有倒管），分别加入 1mL 1：10 稀释的水样。共计 15 管，三个稀释度。将各管充分混匀，置于 37℃恒温箱内培养 24h。

（2）平板分离和复发酵试验的检验步骤同"生活饮用水检验方法"。

（3）总大肠杆菌群数存在的阳性管数，查表 3-6"最可能数（MPN）表"，即求得每 100mL 水样中存在的总大肠菌群数。我国目前系以 1L 为报告单位，故 MPN 值再乘以 10，即为 1L 水样中的总大肠菌群数。

例如，某水样接种 10mL 的 5 管均为阳性；接种 1mL 的 5 管中有两管为阳性；接种 1：10 的水样 1mL 的 5 管均为阴性。从最可能数（MPN）表中查检验结果 5~2~0，得知 100mL 水样中的总大肠菌群数为 49 个，故 1L 水样中的总大肠菌群数为 49×10 = 490 个。

对污染严重的地表水和废水，初发酵试验的接种水样应作 1：10、1：100、1：1000 或更高倍数的稀释，检验步骤同"水源水"检验方法。

如果接种的水样量不是 10mL、1mL 和 0.1mL，而是较低或较高的三个浓度的水样量，也可查表求得 MPN 指数，再经下面公式换算成每 100mL 的 MPN 值：

$$MPN 值 = MPN 指数 \times \frac{10（mL）}{接种量最大的一管（mL）}$$

表 3-6　最可能数（MPN）表（接种 5 份 10mL 水样、5 份 1mL 水样、5 份 0.1mL 水样时，不同阳性及阴性情况下 100mL 水样中细菌数的可能数和 95% 可信限值）

出现阳性份数			每 100mL 水样中细菌数的最可能数	95% 可信限值		出现阳性份数			每 100mL 水样中细菌数的最可能数	95% 可信限值	
10mL 管	1mL 管	0.1mL 管		下限	上限	10mL 管	1mL 管	0.1mL 管		下限	上限
0	0	0	<2			4	2	1	26	9	78
0	0	1	2	<0.5	7	4	3	0	27	9	80
0	1	0	2	<0.5	7	4	3	1	33	11	93
0	2	0	4	<0.5	11	4	4	0	34	12	93
1	0	0	2	<0.5	7	5	0	0	23	7	70
1	0	1	4	<0.5	11	5	0	1	34	11	89
1	1	0	4	<0.5	15	5	0	2	43	15	110
1	1	1	6	<0.5	15	5	1	0	33	11	93
1	2	0	6	<0.5	15	5	1	1	46	16	120
2	0	0	5	<0.5	13	5	1	2	63	21	150
2	0	1	7	1	17	5	2	0	49	17	130
2	1	0	7	1	17	5	2	1	70	23	170
2	1	1	9	2	21	5	2	2	94	28	220
2	2	0	9	2	21	5	3	0	79	25	190
2	3	0	12	3	28	5	3	1	110	31	250
3	0	0	8	1	19	5	3	2	140	37	310
3	0	1	11	2	25	5	3	3	180	44	500
3	1	0	11	2	25	5	4	0	130	35	300
3	1	1	14	4	34	5	4	1	170	43	190
3	2	0	14	4	34	5	4	2	220	57	700
3	2	1	17	5	46	5	4	3	280	90	850
3	3	0	17	5	46	5	4	4	350	120	1000
4	0	0	13	3	31	5	5	0	240	68	750
4	0	1	17	5	46	5	5	1	350	120	1000
4	1	0	17	5	46	5	5	2	540	180	1400
4	1	1	21	7	63	5	5	3	920	300	3200
4	1	2	26	9	78	5	5	4	1600	640	5800
4	2	0	22	7	67	5	5	5	≥2400		

五、注意事项

（1）严格无菌操作，防止污染。

（2）注意正确投放发酵倒管。

（3）注意严格控制革兰氏染色中的染色和脱色时间。

六、思考题

在接种过程中应注意哪些事项？

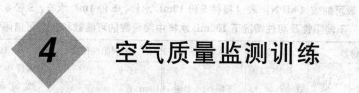

4 空气质量监测训练

任务一　校园空气质量监测方案的制定

一、实训目的

（1）在资料收集、现场调查的基础上，掌握监测项目的确定。
（2）掌握监测分析方法的选择。
（3）掌握采样点布设、采样方法、采样时间与采样频率的确定。
（4）合理书写校园空气质量监测方案，做到内容完整，表述准确。
（5）培养团结协助精神及处理实际问题的能力。

二、资料收集和现场调查

空气中的污染物具有随时间、空间变化大的特点。污染物排放源的分布、排放量及地形、地貌、气象等条件都会影响空气污染物的时空分布及其浓度。

（一）校园空气污染源调查

主要调查校园空气污染源类型、数量、位置、排放的主要污染物、排放方式及其排放量，污染源所用原料、燃料、消耗量，为空气环境监测项目的选择提供依据。如校园空气污染源主要有锅炉房、餐厅、家属区、实训区。

（二）校园周边空气污染源调查

如位于交通干线旁，因此校园周边空气污染源主要调查汽车尾气排放情况。

（三）气象资料收集

主要收集校园所在地气象站（台）近年的气象数据，包括风向、风速、气温、气压、降水量、相对湿度等。

三、监测项目筛选

通过对校园空气环境的分析，根据环境空气质量标准和校园及其周边的空气污染物排放情况来筛选监测项目。

四、监测项目分析

（一）监测方法确定

监测方法应选用国家标准分析方法或环境行业分析方法。

（二）监测点布设

根据污染源的位置、排放方式及当地的地形、地貌、气象等条件，结合校园环境各功能区的要求，采用合适的布点方法。各监测点具体位置应在总平面布置图上注明。

（三）采样时间和采样频率确定

TSP、PM$_{2.5}$、B［a］P、Pb 日平均浓度：每日至少有 12h 的采样时间；

SO$_2$、NO$_x$、NO$_2$、CO、O$_3$ 小时平均浓度：每小时至少有 45min 的采样时间；

SO$_2$、NO$_x$、NO$_2$、CO 日平均浓度：每日至少有 18h 的采样时间。

（四）空气样品采集

采用直接采样法或富集浓缩采样法。采样结束后，填写气态污染物现场采样记录表。

（五）空气样品分析

严格按照方法的操作和要求来实施，同时注意质量保证和质量控制。

五、数据处理

监测结果的原始数据要根据有效数字的保留规则正确书写，监测数据的运算要遵循运算规则。在数据处理中，对出现的可疑数据，首先从技术上查明原因，然后再用统计检验处理，经检验验证属离群数据应予剔除，以使测定结果更符合实际。

六、校园环境空气质量评价

（一）监测结果讨论

首先每一个采样点上的采样人员介绍该采样点及其周围环境，监测过程中出现哪些异常问题，对该组所得监测结果进行总结，找出本组各采样时段内不同的空气污染物的变化规律（同一天的不同时段及不同天的同一相应时段各污染物浓度的变化趋势），与其他组的相应结果进行比较，得出该采样点周围的空气环境质量。

（二）校园空气质量评价

将校园的空气环境质量与国家相应标准进行比较，分析校园空气环境质量现状；找出造成校园空气环境质量现状的原因，预测未来两年内校园空气环境的质量，提出改善校园空气环境质量的建议及措施。

任务二　可吸入颗粒物的测定

可吸入颗粒物指空气中空气动力学当量质量中位径等于 $2.5\mu m$ 的悬浮颗粒物，以 $PM_{2.5}$ 表示。空气流量为 $1.05m^3/min$（大流量采样器）或 $100L/min$（中流量采样器），方法检出限为 $0.001mg/m^3$。

一、预习思考

（1）重量法测定 $PM_{2.5}$ 的原理。
（2）准备滤膜的要点有哪些？
（3）如何正确安装滤膜？
（4）采样完毕，滤膜如何处理？
（5）无效的 $PM_{2.5}$ 采样的滤膜有何特征？

二、实训目的

（1）掌握分析天平的使用方法。
（2）掌握重量法测定空气中的可吸入颗粒物。

三、原理

通过具有 $PM_{2.5}$ 切割特性的采样器，以恒速抽取一定体积的空气，使空气中粒径小于 $10\mu m$ 的颗粒物被截留在已恒重的滤膜上，根据采样前后滤膜重量之差及采样体积，即可计算 $PM_{2.5}$ 的质量浓度。滤膜经处理后，可进行组分分析。

四、仪器与材料

中流量采样器：采气流量为 $100L/min$，采样口的抽气速度为 $0.3m/s$。
滤膜：超细玻璃纤维滤膜或聚氯乙烯等有机滤膜，直径 $9cm$。
恒温恒湿箱：箱内空气温度在 $15\sim30\text{℃}$ 连续可调，控温精度 $\pm1\text{℃}$；箱内空气相对湿度应控制在 $45\%\sim55\%$。恒温恒湿箱可连续工作。
X 光看片机：用于检查滤膜有无缺损。
打号机：用于在滤膜或滤膜袋上打号。
分析天平：感量 $0.1mg$。
气压计、温度计。

五、实训步骤

（一）空白滤膜准备

（1）每张滤膜均用 X 光看片机进行检查，不得有针孔或任何缺陷。在选中的滤膜光滑表面的两个对角上打印编号。
（2）将滤膜放在恒温恒湿箱中平衡 24h，记录平衡温度和相对湿度。
（3）记录滤膜重量（W_0），滤膜称量精确到 $0.1mg$。

（二）样品采集

（1）采样时间。PM$_{2.5}$小时平均浓度，样品的采样时间应不少于45min；PM$_{2.5}$日平均浓度，累计采样时间应不少于12h。

（2）采样时间：

1）打开采样头顶盖，取出滤膜夹，用清洁干布擦去采样头内及滤膜夹的灰尘。

2）将已编号并称量过的滤膜绒面向上，放在滤膜支持网上，放上滤膜夹，对正，拧紧，使不漏气；安好采样头顶盖，设置采样器采样时间，启动采样。

3）采样结束后，打开采样头，用镊子轻轻取下滤膜，采样面向里，将滤膜对折，放入号码相同的滤膜袋中。取滤膜时，若发现滤膜损坏，或滤膜上尘的边缘轮廓不清晰、滤膜安装歪斜等，表示采样时漏气，则本次采样作废，需重新采样。

六、数据处理

（1）尘膜的平衡与称量：

1）尘膜放在恒温恒湿箱中，用与空白滤膜平衡条件相同的温度、湿度，平衡24h。

2）在上述平衡条件下称量尘膜，尘膜称量精确到0.1mg，记录尘膜重量（W_1）。

（2）滤膜称量时的质量控制。取清洁滤膜若干张，在恒温恒湿箱内，按平衡条件平衡24h，称量。每张滤膜非连续称量10次以上，求每张滤膜的平均值为该滤膜的原始质量，以上述滤膜作为"标准滤膜"。每次称空白过尘膜的同时，称量两张"标准滤膜"，若标准滤膜称出的重量在原始重量±0.5mg范围内，则认为该批样品滤膜称量合格，数据可用；否则应检查称量条件是否符合要求并重新称量该批样品滤膜。

（3）将空气采样器放回原处，填写仪器使用记录。

（4）空气中的PM$_{2.5}$浓度按下式计算：

$$PM_{2.5}(mg/m^3) = \frac{W_1 - W_0}{V_S} \times 1000$$

式中　W_1——尘膜重量，g；

　　　W_0——空表滤膜的重量，g；

　　　V_S——标准状态下的采样体积，m^3。

七、注意事项

（1）称量好的滤膜平展地放在滤膜保存盒中，采样前不得弯曲或折叠。

（2）安装滤膜时，将绒面向上放在滤膜支持网上，对正，拧紧，不能漏气。

（3）采样完毕，用镊子轻轻取下滤膜，采样面向里，将滤膜对折。

（4）取滤膜时，若发现滤膜损坏或尘膜的边缘轮廓不清晰、滤膜安装倾斜，则本次采样作废。

（5）要经常检查采样头是否漏气。当滤膜安装正确，采样后滤膜上颗粒物与四周白边之间出现界线模糊时，应更换滤膜密封垫。

（6）当PM$_{2.5}$含量很低时，采样时间不能过短，要保证足够的采尘量，以减少称量误差。

任务三　二氧化硫的测定

环境空气中二氧化硫的测定方法主要有《环境空气 二氧化硫的测定 甲醛吸收-副玫瑰苯胺分光光度法》（HJ 482—2009）、《环境空气 二氧化硫的测定 四氯汞盐吸收-副玫瑰苯胺分光光度法》（HJ 483—2009）、紫外荧光法。以下主要介绍 HJ 482—2009。

一、预习思考

（1）测定空气中 SO_2 的主要干扰物有哪些？如何消除？

（2）配制亚硫酸钠溶液时为何加入少量的 EDTA-2Na？

（3）PRA 做显色剂时为何要对其进行提纯？

（4）二氧化硫标准储备溶液的标定方法。

（5）样品采集时的采气流量、采样时间和温度控制。

（6）何为现场空白？

（7）加入 PRA 时在操作上有何要求？

（8）显色温度、显色时间的控制。

（9）用过的比色管和比色皿如何洗涤？

二、实训目的

（1）掌握分光光度计的使用方法。

（2）学会标准曲线定量方法。

（3）掌握甲醛法测定二氧化硫的步骤。

三、原理

（一）测定原理

二氧化硫被甲醛缓冲溶液吸收后将生成稳定的羟甲基磺酸加成化合物。在样品溶液中加入氢氧化钠使加成化合物分解，释放出的二氧化硫与副玫瑰苯胺、甲醛作用，生成紫红色化合物，用分光光度计在 557nm 处测定。

（二）适用范围

（1）当使用 10mL 吸收液，采样体积为 30L 时，测定空气中二氧化硫的检出限为 0.007mg/m³，测定下限为 0.028mg/m³，测定上限为 0.667mg/m³。

（2）当使用 50mL 吸收液，采样体积为 288L，试样体积为 10mL 时，测定空气中二氧化硫的检出限为 0.004mg/m³，测定下限为 0.014mg/m³，测定上限为 0.347mg/m³。

（三）干扰与消除

（1）氮氧化物。加入氨磺酸钠。

（2）臭氧。采样后放置一段时间，臭氧可自行分解。

（3）某些金属离子。加入磷酸和环己二胺四乙酸二钠盐可消除或减小某些金属离子的干扰。在 10mL 样品中存在 50μg 钙、镁、铁、镍、镉、铜等离子及 5μg 二价锰离子时不干扰测定。当 10mL 样品溶液中含有 10μg 二价锰离子时，可使样品的吸光度降低 27%。

四、仪器和试剂

（一）所用仪器

（1）空气采样器。流量范围 0.1~1L/min，采样器应定期在采样前进行气密性检查和流量校准。

（2）可见光分光光度计。

（3）多孔玻板吸收管。10mL 多孔玻板吸收管，用于短时间采样；50mL 多孔玻板吸收瓶，用于 24h 连续采样。

（4）恒温水浴器。0~40℃，控制精度为 ±1℃。

（5）10mL 具塞比色管。

（二）试剂配制

（1）环己二胺四乙酸二钠溶液，$c(\text{CDTA-2Na}) = 0.050\text{mol/L}$：称取 1.82g 反式 1,2-环己二胺四乙酸二钠，加入 1.50mol/L 的氢氧化钠溶液 6.5mL，溶解后用水稀释至 100mL。

（2）甲醛缓冲吸收储备液。吸取 36%~38% 的甲醛溶液 5.5mL 和 0.050mol/L 的 CDTA-Na 溶液 20.00mL；称取 2.04g 邻苯二甲酸氢钾，溶解于少量水中；将 3 种溶液合并，用水稀释至 100mL，储于冰箱，可保存 1 年。

（3）甲醛缓冲吸收液。取 5mL 储备液于 500mL 容量瓶，用水稀释至标线。临用现配。

（4）NaOH 溶液（$c(\text{NaOH}) = 1.50\text{mol/L}$）。

（5）氨磺酸钠溶液（$\rho(\text{NaH}_2\text{NSO}_3) = 6.0\text{g/L}$）。称取 0.60g 氨磺酸于烧杯中，加入 1.50mol/L 氢氧化钠溶液 4.0mL，搅拌至完全溶解后稀释至 100mL，摇匀。此溶液密封保存可使用 10 天。

（6）碘储备液（$c(1/2\text{I}_2) = 0.10\text{mol/L}$）。称取 12.7g 碘（$\text{I}_2$）于烧杯中，加入 40g 碘化钾和 25mL 水，搅拌至完全溶解，用水稀释至 1000mL，储存于棕色细口瓶中。

（7）碘溶液（$c(1/2\text{I}_2) = 0.010\text{mol/L}$）。量取碘储备液 50mL，用水稀释至 500mL，储于棕色细口瓶中。

（8）淀粉溶液（$\rho = 5.0\text{g/L}$）。称取 0.5g 可溶性淀粉，用少量水调成糊状，慢慢倒入 100mL 沸水中，继续煮沸至溶液澄清，冷却后储于试剂瓶中，临用现配。

（9）碘酸钾基准溶液（$c(1/6\text{KIO}_3) = 0.1000\text{mol/L}$）。称取 3.5667g 碘酸钾（$\text{KIO}_3$，优级纯，经 110℃ 干燥 2h）溶解于水，移入 1000mL 容量瓶中，用水稀释至标线，摇匀。

（10）（1+9）盐酸溶液。

（11）硫代硫酸钠标准储备液（$c(\text{Na}_2\text{S}_2\text{O}_3) = 0.10\text{mol/L}$）。称取 25.0g 硫代硫酸钠（$\text{Na}_2\text{S}_2\text{O}_3 \cdot 5\text{H}_2\text{O}$），溶解于 1000mL 新煮沸并已冷却的水中，加入 0.20g 无水碳酸钠，储于棕色细口瓶中，放置一周后备用。若溶液呈现浑浊，必须过滤。标定方法如下：

吸取 3 份 0.1000mol/L 碘酸钾标准溶液 20.00mL 分别置于 250mL 碘量瓶中，加 70mL 新煮沸并已冷却的水，加入 1g 碘化钾，摇匀至完全溶解后，加入（1+9）盐酸溶液 10mL，立即盖好瓶盖，摇匀。于暗处放置 5min 后，用硫代硫酸钠标准储备液滴定溶液至浅黄色，加入 2mL 淀粉溶液，继续滴定溶液至蓝色刚好褪去为终点。硫代硫酸钠标准溶液的浓度按下式计算：

$$c = \frac{0.1000 \times 20.00}{V}$$

式中 c——硫代硫酸钠标准溶液的浓度，mol/L；

　　　　V——滴定所消耗硫代硫酸钠标准溶液的体积，mL。

（12）硫代硫酸钠标准溶液（$c(Na_2S_2O_3)$ = (0.01±0.00001)mol/L）。取 50.0mL 硫代硫酸钠储备液，置于 500mL 容量瓶中，用新煮沸并已冷却的水稀释至标线，摇匀。

（13）乙二胺四乙酸二钠溶液（EDTA-2Na）（ρ = 0.50g/L）。称取 0.25g 乙二胺四乙酸二钠盐，溶解于 500mL 新煮沸并已冷却的水中，临用现配。

（14）亚硫酸钠溶液（$\rho(Na_2SO_3)$ = 1g/L）。称取 0.2g 亚硫酸钠（Na_2SO_3），溶解于 200mL EDTA-2Na 溶液中，缓缓摇匀以防充氧，使其溶解。放置 2~3h 后标定。此溶液每毫升相当于 320~400μg 二氧化硫。标定方法如下：

1）取 6 个 250mL 碘量瓶（A_1、A_2、A_3、B_1、B_2、B_3），分别加入 50.0mL 碘溶液。在 A_1、A_2、A_3 内各加入 25mL 水，在 B_1、B_2、B_3 内加入 25.00mL 亚硫酸钠溶液盖好瓶盖。

2）立即吸取 2.00mL 亚硫酸钠溶液加到 1 个已装有 40~50mL 甲醛缓冲吸收储备液的 100mL 容量瓶中，并用甲醛缓冲吸收储备液稀释至标线、摇匀。此溶液即为二氧化硫标准储备溶液，在 4~5℃ 下冷藏，可稳定 6 个月。

3）紧接着再吸取 25.00mL 亚硫酸钠溶液加入 B_3 内，盖好瓶塞。

4）A_1、A_2、A_3、B_1、B_2、B_3 共 6 个瓶子于暗处放置 5min 后，用硫代硫酸钠标准溶液滴定至浅黄色，加 5mL 淀粉指示剂，继续滴定至蓝色刚刚消失。平行滴定所用硫代硫酸钠标准溶液的体积之差应不大于 0.05mL。

二氧化硫标准储备溶液的质量浓度按下式计算：

$$\rho = \frac{(\overline{V_0} - \overline{V}) \times c \times 32.02 \times 1000}{25.00} \times \frac{2.0}{100}$$

式中 ρ——二氧化硫标准储备溶液的质量浓度，μg/mL；

　　　　$\overline{V_0}$——空白滴定所消耗硫代硫酸钠标准溶液的体积，mL；

　　　　$\overline{V}$——样品滴定所消耗硫代硫酸钠标准溶液的体积，mL；

　　　　c——硫代硫酸钠标准溶液的浓度，mol/L；

32.02——$1/2SO_2$ 的摩尔质量。

（15）二氧化硫标准溶液（$\rho(Na_2SO_3)$ = 1.00μg/mL）。用甲醛缓冲吸收液将二氧化硫标准储备溶液稀释成每毫升含 1.0μg 二氧化硫的标准溶液。此溶液用于绘制标准曲线，在 4~5℃ 下冷藏，可稳定 1 个月。

（16）盐酸副玫瑰苯胺（简称 PRA，即副品红或对品红）储备液（ρ = 0.2g/100mL）。

（17）PRA 溶液（ρ = 0.00050g/mL）。吸取 25.00mL PRA 储备液于 100mL 容量瓶中，加入 30mL 85% 的浓磷酸和 12mL 浓盐酸，用水稀释至标线，摇匀。放置过夜后使用，避光密封保存。

（18）盐酸-乙醇清洗液。由 3 份（1+4）盐酸和 1 份 95% 乙醇混合配制而成，用于清洗比色管和比色皿。

五、实训步骤

（一）样品采集

（1）短时间采样。采用内装 10mL 吸收液的 U 形多孔玻板吸收管，以 0.5L/min 的流量采气 45~60min。采样时吸收液温度应保持在 23%~29%。

（2）24h 连续采样。用内装 50mL 吸收液的多孔玻板吸收瓶，以 0.2L/min 的流量连续采样 24h，采样时吸收液温度应保持在 23~29℃。

（3）现场空白。将装有吸收液的采样管带到采样现场，除了不采气之外，其他环境条件与样品相同。

（二）样品保存

（1）样品采集、运输和储存过程中应避免阳光照射。

（2）放置在室（亭）内的 24h 连续采样器，进气口应连接符合要求的空气质量集中采样管路系统，以减少二氧化硫进入吸收瓶前的损失。

（三）校准曲线绘制

（1）取 16 支 10mL 具塞比色管，分 A、B 两组，每组 7 支，分别对应编号。A 组按表 4-1 配制标准溶液系列。

表 4-1 二氧化硫标准溶液系列

管号	0	1	2	3	4	5	6
二氧化硫标准溶液/mL	0	0.50	1.00	2.00	5.00	8.00	10.00
甲醛缓冲吸收液/mL	10.00	9.50	9.00	8.00	5.00	2.00	0
二氧化硫含量/$\mu g \cdot 10mL^{-1}$	0	0.50	1.00	2.00	5.00	8.00	10.00

（2）往 A 组各管分别加入 6.0g/L 的氨磺酸钠溶液 0.5mL、0.5mL 和 1.50mol/L 的 NaOH 溶液，摇匀；往 B 组各管加入 1.00mL、0.00050g/mL 的 PRA 溶液。

（3）将 A 组各管的溶液迅速地全部倒入对应编号并盛有 PRA 溶液的 B 管中，立即具塞混匀后放入恒温水浴中显色。在波长 577nm 处，用 10mm 比色皿以水为参比测量吸光度，以空白校正后各管的吸光度为纵坐标，以二氧化硫的质量浓度为横坐标，用最小二乘法建立校准曲线的回归方程。

（4）显色温度与室温之差应不超过 3℃，根据不同季节和环境条件按表 4-2 选择显色温度与显色时间。

表 4-2 二氧化硫显色温度与显色时间对照表

显色温度/℃	10	15	20	25	30
显色时间/min	40	25	20	15	5
稳定时间/min	35	25	20	15	10
试剂空白吸光度（A_0）	0.030	0.035	0.040	0.050	0.060

（四）样品测试

（1）样品溶液中如有浑浊物，应离心分离除去。

（2）样品放置 20min，以使臭氧分解。

（3）短时间采样。将吸收管中样品溶液全部移入 10mL 比色管中，用少量甲醛缓冲吸收液洗涤吸收管，倒入比色管中，并用吸收液稀释至标线，加入 6.0g/L 的氨磺酸钠溶液 0.5mL，摇匀，放置 10min 以消除氮氧化合物的干扰，下一步骤同校准曲线的绘制。

（4）连续 24h 采样。将吸收瓶中样品溶液移入 50mL 比色管（或容量瓶）中，用少量甲醛缓冲吸收液洗涤吸收管，倒入比色管中，并用吸收液稀释至标线。吸取适量样品溶液（视浓度高低而决定取 2～10mL）于 10mL 比色管中，再用吸收液稀释至标线，加入 6.0g/L 的氨磺酸钠溶液 0.5mL，混匀，放置 10min 以除去氮氧化合物的干扰，以下步骤同校准曲线的绘制。

六、数据处理

按下式计算空气中 SO_2 浓度：

$$\rho(SO_2, mg/m^3) = \frac{A - A_0 - a}{V_s \times b} \times \frac{V_t}{V_a}$$

式中　A——样品溶液的吸光度；

A_0——试剂空白溶液的吸光度；

a——校准曲线的截距（一般要求小于 0.005）；

b——校准曲线的斜率，吸光度 10mL/μg；

V_t——样品溶液的总体积，mL；

V_a——测定时所取样品溶液体积，mL；

V_s——换算成标准状况下（273K，101.325kPa）的采样体积，L。

计算结果应准确到小数点后第三位。

七、注意事项

（1）采样时吸收液的温度在 23～29℃时，吸收效率为 100%；10～15℃时，吸收效率偏低 5%；高于 33℃或低于 9℃时，吸收效率偏低 10%。

（2）每批样品至少测定两个现场空白样。

（3）如果样品溶液的吸光度超过校准曲线的上限，可用试剂空白液稀释，在数分钟内再测定吸光度，但稀释倍数不要大于 6。

（4）显色温度低，显色慢，稳定时间长；显色温度高，显色快，稳定时间短。操作人员必须了解显色温度、显色时间和稳定时间的关系，严格控制反应条件。

（5）测定样品时的温度与绘制校准曲线时的温度之差不应超过 2℃。

（6）在给定条件下校准曲线斜率应为 0.042±0.004，试剂空白吸光度（A_0）在显色规定条件下波动范围不超过±15%。

（7）用过的比色管和比色皿应及时用盐酸-乙醇清洗液浸洗，否则红色难以洗净，六价铬能使紫红色络合物褪色，产生负干扰，故应避免用硫酸-铬酸洗液洗涤玻璃器皿。若已用硫酸-铬酸洗液洗涤过，则需用（1+1）盐酸溶液浸洗，再用水充分洗涤。

任务四　二氧化氮的测定

空气中二氧化氮的测定方法有《环境空气　二氧化氮的测定 Saltzman 法》（GB/T 15435—1995）、《环境空气 氮氧化物（一氧化氮和二氧化氮）的测定　盐酸萘乙二胺分光光度法》（HJ 479—2009）。

一、预习思考

（1）Saltzman 法测定空气中 NO_2 的方法原理。

（2）测定空气中 NO_2 的主要干扰物有哪些？如何消除？

（3）样品采集时的采气流量、采样时间和温度控制。

（4）样品采集、运输及存放过程中为何要避光保存？

二、实训目的

（1）掌握分光光度计的使用方法。

（2）学会标准曲线定量方法。

（3）掌握 Saltzman 法测定二氧化氮的步骤。

三、原理

（一）测定原理

大气中的 NO_2 与吸收液中的对氨基苯磺酸发生重氮化反应，再与盐酸萘乙二胺耦合，生成粉红色的偶氮化合物，其颜色深浅与气样中 NO_2 浓度成正比，于波长 $540 \sim 545nm$ 处测定吸光度。

（二）适用范围

当采样体积为 $4 \sim 24L$ 时，空气中二氧化氮浓度的测量范围为 $0.015 \sim 2.0mg/m^3$。

（三）干扰与消除

（1）空气中二氧化硫浓度为氮氧化物浓度 30 倍时，对二氧化氮的测定产生负干扰。

（2）空气中过氧化酰硝酸酯（PAN）对二氧化氮的测定产生正干扰。

（3）空气中臭氧浓度超过 $0.25mg/m^3$ 时，对二氧化氮的测定产生负干扰。采样时在采样瓶入口端串联一段 $15 \sim 20cm$ 长的硅橡胶管可排除干扰。

四、实训准备

（一）所用仪器

（1）空气采样器。流量范围 $0.1 \sim 1.0L/min$，采气流量为 $0.4L/min$ 时，误差小于 $\pm 5\%$。

（2）可见光分光光度计。

（3）棕色多孔玻板吸收管。10mL 多孔玻板吸收管，用于短时间采样；50mL 多孔玻板吸收瓶，用于 24h 连续采样。

（4）具塞比色管。10mL。

（二）试剂配制

（1）N-(1-萘基）乙二胺盐酸盐储备液（ρ[$C_{10}H_7NH(CH_2)2NH_2 \cdot 2HCl$] = 1.00g/L）。称取 0.50gN-(1-萘基）乙二胺盐酸盐于 500mL 容量瓶中，用水稀释至刻度线。此溶液储于密封的棕色试剂瓶中，在冰箱中冷藏可稳定 3 个月。

（2）显色液。称取 5.0g 对氨基苯磺酸，溶于约 200mL 40~50℃热水中，将溶液冷却至室温，全部移入 1000mL 容量瓶中，加入 50mL 冰乙酸和 50mL N-(1-萘基）乙二胺盐酸盐储备液，用水稀释至刻度线。此溶液于密闭的棕色瓶中，在 25℃以下暗处存放，可稳定 3 个月。若溶液呈现淡红色，应弃之重配。

（3）吸收液。临用时将显色液和水按 4：1（V/V）混合。吸收液的吸光度应小于等于 0.005。

（4）亚硝酸钠标准储备液（ρ（NO_2^-）= 250μg/mL）。称取 0.3750g 亚硝酸钠（$NaNO_2$，优级纯，使用前在（105±5）℃干燥恒重），溶于水后，移入 1000mL 容量瓶中，用水稀释至标线。储于密闭的棕色瓶中于暗处存放，可稳定 3 个月。

（5）亚硝酸钠标准工作液（ρ（NO_2^-）= 2.5μg/mL）。吸取上述储备液 1.00mL 于 1000mL 容量瓶中，用水稀释至标线。临用现配。

五、实训步骤

（一）样品采集

（1）短时间采样。采用内装 10mL 吸收液的多孔玻板吸收瓶，以 0.4L/min 流量采气 4~24L。

（2）24h 连续采样。用内装 50mL 吸收液的多孔玻板吸收瓶，以 0.2L/min 流量采气 288L，采样时吸收液温度应保持在（20±4）℃。

（3）现场空白。将装有吸收液的采样管带到采样现场，除了不采气之外，其他环境条件与样品相同。要求每次采样至少做 2 个现场空白。

（二）样品保存

（1）样品采集、运输及存放过程中避光保存，样品采集后尽快分析。

（2）若不能及时测定，将样品于低温暗处存放，样品在 30℃暗处存放，可稳定 8h；在 20℃暗处存放，可稳定 24h；于 0~4℃冷藏，至少可稳定 3 天。

（三）标准曲线绘制

（1）取 6 支 10mL 具塞比色管，按表 4-3 配制标准系列。

表4-3   亚硝酸盐标准色列

管号	0	1	2	3	4	5
亚硝酸钠标准使用液/mL	0	0.40	0.80	1.20	1.60	2.00
水/mL	2.00	1.60	1.20	0.80	0.40	0
显色液/mL	8.00	8.00	8.00	8.00	8.00	8.00
亚硝酸根含量/μg · mL^{-1}	0	0.10	0.20	0.30	0.40	0.50

（2）各管混匀，于暗处放置 20min（室温低于 20℃时，显色 40min 以上），用 1cm 比色皿，在波长 540nm 处以水为参比测定吸光度。扣除空白试样的吸光度后，对应 NO_2^- 的浓度（μg/mL），用最小二乘法计算标准曲线的回归方程。

标准曲线斜率控制在 0.180~0.195（吸光度 mL/μg），截距控制在 ±0.003 之间。

（四）空白测定

（1）实训室空白试验。取实训室内未经采样的空白吸收液，用 10mm 比色皿在波长 540nm 处以水为参比测定吸光度。实训室空白吸光度 A_0 在显色规定条件下波动范围不超过 ±15%。

（2）现场空白。同实训室空白试验测定吸光度。将现场空白和实训室空白的测量结果相对照，若现场空白与实训室空白相差过大，查找原因，重新采样。

（五）样品测定

采样后放置 20min（室温 20℃以下，放置 40min 以上），将样品全部转移至 10mL 具塞比色管中，并用水补至刻度线，混匀，按绘制标准曲线的步骤测定样品的吸光度。若样品的吸光度超过标准曲线的上限，应用空白溶液稀释，再测定其吸光度，但稀释倍数不得大于 6。

六、数据处理

按下式计算空气中 NO_2 浓度：

$$二氧化氮(mg/m^3) = \frac{(A - A_0 - a) \times V \times D}{b \times V_s \times f}$$

式中　A——样品溶液的吸光度；

　　A_0——空白溶液的吸光度；

a，b——回归方程式的截距和斜率；

　　V——采样用吸收液体积，mL；

　　V_s——标准状态下的采样体积；

　　D——样品的稀释倍数；

　　f——Saltzman 实训系数，0.88（若 NO_2 浓度高于 0.720mg/m³，f 值为 0.77）。

七、注意事项

（1）吸收液的吸光度不超过 0.005；否则，应检查水、试剂纯度或显色液的配制时间和储存方法。

（2）采样、样品运输及存放过程中应避免阳光照射。气温超过 25℃时，长时间运输及存放样品应采取降温措施。

（3）Saltzman 实训系数。用渗透法制备的二氧化氮校准用混合气体，在采气过程中被吸收液吸收生成的偶氮染料相当于亚硝酸根的量与通过采样系统的二氧化氮总量的比值。该系数为多次重复实训测定的平均值。

任务五 室内空气监测方案的制订

一、实训目的

（1）掌握监测项目的确定。
（2）掌握监测分析方法的选择。
（3）掌握采样点布设、采样方法、采样时间与采样频率的确定。
（4）掌握监测数据处理与结果评价。
（5）培养团结协作精神及处理实际问题的能力。

二、资料收集和现场调查

对室内外环境状况和污染源进行资料收集和现场调查，根据监测目的确定监测方案。

三、样品采集

（一）采样点布设

1. 采样点数量

采样点位的数量根据室内面积大小和现场情况确定，要能正确反映室内空气污染物的污染程度。原则上小于 50m² 的房间应设 1~3 个点；50~100m² 设 3~5 个点；100m² 以上至少设 5 个点。

2. 采样点高度

原则上与人的呼吸带高度一致，一般相对高度 0.5~1.5m。也可根据房间的使用功能，人群的高低以及在房间立、坐或卧时间的长短，来选择采样高度。有特殊要求的可根据具体情况确定。

3. 布点方式

多点采样时应按对角线或梅花式均匀布点，应避开通风口，离墙壁距离应大于 0.5m，离门窗距离应大于 1m。

（二）采样时间与频次

经装修的室内环境，采样应在装修完成 7 天以后进行。年平均浓度至少连续或间隔采样 3 个月，日平均浓度至少连续或间隔采样 18h；8h 平均浓度至少连续或间隔采样 6h；1h 平均浓度至少连续或间隔采样 45min。采样时间应涵盖通风最差的时间段。

（三）采样方法

具体采样方法应按各污染物检验方法中规定的方法和操作步骤进行。要求年平均、日平均、8h 平均值的参数，可以先做筛选采样检验。若筛选采样检验结果符合标准值要求，为达标；若检验结果不符合标准值要求，用累积采样检验结果评价。

1. 筛选法采样

采样前关闭门窗 12h，采样时关闭门窗，一般至少采样 45min；采用瞬时采样法时，一般采样间隔时间为 10~15min，每个点位应至少采集 3 次样品，每次的采样量大致相同，其监测结果的平均值作为该点位的小时均值。

2. 累积法采样

当筛选法采样达不到标准要求时，必须采用累积法（按年平均值、日平均值、8h 平均值）的要求采样。

（四）采样装置

根据具体的监测项目，选择合适的采样装置。采样装置有玻璃注射器、空气采样袋、气泡吸收管、U 形多孔玻板吸收管、固体吸附管、滤膜、不锈钢采样罐等。

（五）采样记录

采样时要填写室内空气采样及现场监测原始记录表；每个样品上也要贴上标签，标明点位编号、采样日期和时间、测定项目等。采样记录随样品一同报到实训室。

四、样品运输与保持

样品由专人运送，按采样记录清点样品，防止错漏，为防止运输中采样管振动破损，装箱时可用泡沫塑料等分隔。样品应根据不同项目要求进行有效处理和防护。储存和运输过程中要避开高温、强光。样品运抵后要与接收人员交接并登记，样品接收记录表见表4-4。各样品要标注保质期，样品要在保质期前检测。

表 4-4　样品接收记录表

序号	被监测方名称	名称及编号	接收日期	样品是否完好	保存期	送样人	接收人

五、监测项目的确定

（一）确定原则

（1）选择室内空气质量标准中要求控制的监测项目，见表4-5。

（2）选择室内装饰装修材料有害物质限量标准中要求控制的监测项目。

（3）选择人们日常活动可能产生的污染物。

（4）依据室内装饰装修情况选择可能产生的污染物。

（5）所选监测项目应有国家或行业标准分析方法、行业推荐的分析方法。

表 4-5　室内环境空气质量监测项目

应测项目	其他项目
温度、大气压、空气流速、相对湿度、新风量、二氧化硫、二氧化氮、一氧化碳、二氧化碳、氨、臭氧、甲醛、苯、甲苯、二甲苯、总挥发性有机物（YVOC）、苯并［a］芘、可吸入颗粒物、氡（222Rn）、菌落总数等	甲苯二乙胺酸酯（TDI）、苯乙烯、丁基羟基甲苯、4-苯基环己烯、2-乙基己醇等

（二）监测项目

（1）新装饰、装修过的室内环境应测定甲醛、苯、甲苯、二甲苯、总挥发性有机物等。

（2）人群比较密集的室内环境应测菌落总数、新风量及二氧化碳。

（3）使用抽样消毒设备、净化设备及复印机等可能产生臭氧的室内环境应测臭氧。

（4）住宅一层、地下室、其他地下设施以及采用花岗岩、彩釉地砖等天然放射性含量较高材料新装修的室内环境都应监测氡（222Rn）。

（5）北方冬季施工的建筑物应测定氨。

（6）鼓励使用气相色谱/质谱对室内环境空气进行定性监测。

六、分析方法的确定

《室内空气质量标准》（GB/T 18883—2002）中要求的各项参数的监测分析方法见《室内环境空气质量监测技术规范》（HJ/T 167—2004）。

七、监测数据处理与结果评价

（1）认真填写监测采样、样品运输、样品保存、样品交接和实训室分析的原始记录。

（2）各项记录必须现场填写，不得事后补写。

（3）正确保留原始记录有效数字位数。

（4）监测数据的统计计算主要有平均值、超标率及超标倍数三项。

（5）按相应规则，对监测数据进行数字修约与计算。

（6）监测结果以平均值表示，化学性、生物性和放射性指标平均值符合标准值要求时，为达标；有一项检验结果未达到标准要求时，为不达标，并应对单个项目是否达标进行评价。

任务六　室内空气中甲醛的测定

室内空气中甲醛的测定方法主要有 AHMT 分光光度法、酚试剂分光光度法、气相色谱法、乙酰丙酮分光光度法、电化学传感器法等。以下对酚试剂分光光度法进行介绍。

一、预习思考

(1) 酚试剂分光光度法测定室内空气中甲醛的原理。
(2) 测定室内空气中的甲醛，主要干扰物质及消除方法。
(3) 甲醛标准储备溶液的标定方法。
(4) 样品采样时的采气流量、采气体积和保存时间。

二、实训目的

(1) 掌握分光光度计的使用方法。
(2) 学会标准曲线定量方法。
(3) 掌握酚试剂分光光度法测定室内空气中甲醛的步骤。

三、原理

（一）测定原理

空气中的甲醛与酚试剂反应生成嗪，嗪在酸性溶液中被高铁离子氧化形成蓝绿色化合物。根据颜色深浅，在 630nm 波长下比色定量。

（二）测量范围

测量范围为 $0.1 \sim 1.5\mu g$，采样体积为 10L 时，测量范围为 $0.01 \sim 0.15mg/m^3$。最低检出浓度为 $0.056\mu g$ 甲醛。

（三）干扰与消除

二氧化硫共存时，使测定结果偏低。可将气样先通过硫酸锰滤纸过滤器，予以排除。

四、仪器与试剂

（一）所用仪器

(1) 空气采样器。
(2) 可见光分光光度计。
(3) 10mL 大型气泡吸收管。
(4) 10mL 具塞比色管。

（二）试剂配制

本方法所用水均为重蒸馏水或去离子交换水；所用的试剂除注明外，均为分析纯。

(1) 吸收液原液。称量 0.10g 酚试剂 $[C_6H_4SN(CH_3)C：NNH_2 \cdot HCl, MBTH]$，加水溶解，置于 100mL 容量瓶中，加水至刻度。放冰箱中保存，可稳定 3 天。

(2) 吸收液。量取吸收原液 5mL，加 95mL 水，临用现配。

（3）1%硫酸铁铵溶液。称量1.0g硫酸铁铵［$NH_4Fe(SO_4)_2 \cdot 12H_2O$］用0.1mol/L盐酸溶解，并稀释至100mL。

（4）0.1000mol/L碘溶液。称量40g碘化钾，溶于25mL水中，加入12.7g碘；待碘完全溶解后，用水定容至1000mL，移入棕色瓶中，暗处储存。

（5）1mol/L氢氧化钠溶液。称量40g氢氧化钠，溶于水中，并稀释至1000mL。

（6）0.5mol/L硫酸溶液。取28mL浓硫酸缓慢加入水中，冷却后，稀释至1000mL。

（7）硫代硫酸钠标准溶液（$c(Na_2S_2O_3) = 0.1000mol/L$）。可购买标准试剂配制。

（8）0.5%淀粉溶液。将0.5g可溶性淀粉，用少量水调成糊状后，再加入100mL沸水，并煮沸2~3min至溶液透明；冷却后，加入0.1g水杨酸或0.4g氯化锌保存。

（9）甲醛标准储备溶液。取2.8mL含量为36%~38%的甲醛溶液，加入1L容量瓶中，加水稀释至刻度。此溶液1mL约相当于1mg甲醛。其准确浓度用下述碘量法标定。

甲醛标准储备溶液的标定：精确量取20.00mL甲醛标准储备溶液，置于250mL碘量瓶中。加入20.00mL 0.0500mol/L碘溶液和15mL 1mol/L氢氧化钠溶液，放置15min。加入20mL 0.5mol/L硫酸溶液，再放置15min，用0.1000mol/L硫代硫酸钠溶液滴定，至溶液呈现淡黄色时，加入1mL 0.5%淀粉溶液，继续滴定至刚使蓝色消失为终点，记录所用硫代硫酸钠溶液体积，同时用水作试剂空白滴定。甲醛溶液的浓度用下式计算：

$$c = \frac{(V_1 - V_2) \times M \times 15}{20}$$

式中　c——甲醛标准储备溶液中甲醛浓度，mg/mL；

　　　V_1——滴定空白时所用硫代硫酸钠标准溶液体积，mL；

　　　V_2——滴定甲醛溶液时所用硫代硫酸钠标准溶液体积，mL；

　　　M——硫代硫酸钠标准溶液的摩尔浓度，mol/L；

　　　15——甲醛的换算值。

（10）甲醛标准溶液。临用时，将甲醛标准溶液用水稀释成1.00mL含10μg甲醛溶液，立即再取此溶液10.00mL，加入100mL容量瓶中，加入5mL吸收原液，用水定容至100mL，此液1.00mL含1.00μg甲醛，放置30min后，用于配制标准色列。此标准溶液可稳定24h。

五、实训步骤

（一）样品采集

用一个内装5mL吸收液的大型气泡吸收管，以0.5L/min流量采气10L。记录采样点的温度和大气压力。采样后样品在室温下应在24h内分析。

（二）标准曲线绘制

（1）取10mL具塞比色管，用甲醛标准溶液按表4-6制备标准系列。

表4-6　甲醛标准系列

管号	0	1	2	3	4	5	6	7	8
标准溶液/mL	0	0.10	0.20	0.40	0.60	0.80	1.00	1.50	2.00
吸收液/mL	5.0	4.9	4.8	4.6	4.4	4.2	4.0	3.5	3.0
甲醛含量/μg	0	0.1	0.2	0.4	0.6	0.8	1.0	1.5	2.0

（2）各管中加入 0.4mL 1%硫酸铁铵溶液，摇匀，放置 15min。

（3）用 1cm 比色皿在波长 630nm 下以水作参比，测定各管溶液的吸光度。以甲醛含量为横坐标，空白校正后各管的吸光度为纵坐标，用最小二乘法建立标准曲线回归方程。

（三）样品测定

（1）将样品溶液全部转入比色管中，用少量吸收液洗吸收管，合并使总体积为 5mL。按标准曲线绘制的方法测定吸光度。

（2）在每批样品测定的同时，用 5mL 未采样的吸收液作试剂空白，测定试剂空白的吸光度。

六、数据处理

按下式计算空气中甲醛浓度：

$$\rho = \frac{(A - A_0) - a}{V_s - b}$$

式中　ρ——空气中甲醛浓度，mg/m^3；

　　A——样品溶液的吸光度；

　　A_0——试剂空白溶液的吸光度；

　　a——标准曲线的截距；

　　b——标准曲线的斜率；

　　V_s——换算成标准状况下的采样体积，L。

七、注意事项

（1）硫酸锰滤纸的制备。取 10mL 浓度为 100mg/mL 的硫酸锰水溶液，滴加到 $250cm^2$ 玻璃纤维滤纸上，风干后切成碎片，装入 1.5mm×150mm 的 U 形玻璃管中。采样时，将此管接在甲醛吸收管之前。此法制成的硫酸锰滤纸吸收二氧化硫的效能受大气湿度影响很大，当相对湿度大于 88%、采气速度为 1L/min、二氧化硫浓度为 $1mg/m^3$ 时，能消除 95% 以上的二氧化硫，此滤纸可维持 50h 有效；当相对湿度为 15%~35% 时，吸收二氧化硫的效能逐渐降低。相对湿度很低时，应换用新制的硫酸锰滤纸。

（2）在测定每批样品的同时，应用 5mL 未采样的吸收液作空白试剂。

任务七　公共场所空气中细菌总数的测定

一、预习思考

（1）撞击式空气微生物采样器的使用方法。

（2）熟悉所引用的标准 GB/T 18883—2002。

二、实训目的

（1）掌握空气中微生物检测和技术的方法。

（2）掌握无菌操作技术和微生物实验的基本操作方法。

（3）学会对公共场所空气进行初步的微生物学评价。

三、实训原理

撞击法：采用撞击式空气微生物采样器采样。通过抽气动力作用，使空气通过狭缝或小孔而产生高速气流，从而使悬浮在空气中的带菌粒子撞击到营养琼脂平板上，经 37℃、48h 培养后，计算每立方米空气中所含的细菌菌落数的采样测定方法。

四、实训仪器和设备

高压蒸汽灭菌器、干热灭菌器、恒温培养箱、冰箱、平皿（直径 9cm）。

制备培养基用一般设备：量筒，三角烧瓶，pH 计或精密 pH 试纸等。

撞击式空气微生物采样器。

五、培养基的制备

（1）平皿采用国产标准的 ϕ90mm×18mm 玻璃培养皿。

（2）培养基。对一般需氧的微生物采样，可用普通琼脂培养基；若采集特殊微生物，可参阅其他标准适用相应的采样介质。营养琼脂培养基的成分和制法如下：

1）成分。蛋白胨 20g、牛肉浸膏 3g、氯化钠 5g、琼脂 15~20g、蒸馏水 1000mL。

2）制法。将上述各成分混合，加热溶解，校正 pH 值至 7.4，过滤分装，121℃ 20min 高压灭菌。营养琼脂平板的制备参照采样器使用说明。

（3）平皿消毒后，在无菌环境下，用量杯往平皿内倒入培养基，并将附件中的黑色塑料高度定标圈套在平皿外使培养基平面与定标圈上沿水平，以保证采样时喷孔与琼脂表面之间最佳撞击距离。

（4）将平皿扣上玻璃上盖，并将其凝固后，倒置放入 37℃ 恒温箱中培养 24h 后，经检测无菌方可使用。

六、采样选点要求

（1）采样点的数量根据监测面积大小和现场情况确定，以期能正确反映室内空气污染物的水平。原则上小于 50m^2 的房间应设 1~3 个点；50~100m^2 设 3~5 个点；100m^2 以上至少设 5 个点。在对角线上或梅花式均匀分布。

（2）采样点应避开通风口，离墙壁距离应大于 0.5m。

（3）采样点的高度。原则上与人的呼吸带高度相一致。相对高度 0.5~1.5m 之间。

七、采样步骤

将采样器消毒，按仪器使用说明进行采样。一般情况下采样量为 30~150L，应根据所用仪器性能和室内空气微生物污染程度酌情增加或减少空气采样量。

（1）将旋上黑色塑料托盘的采样头三脚架支开，并锁紧高度为呼吸带高度约 1.3m 左右（加上采样头高度约 1.5m）。

（2）在各级采样头中顺序放入平皿，挂上三个弹簧挂钩并将其水平放置在采样头三脚架上的黑色塑料托盘上。

（3）将主机三脚架旋入主机下部的 G1/4（1/4in）螺纹中，并拧紧、支开、锁紧（高度不限）接通电源，开打电源开关，按"×10"或"×1"按钮调整采样时间。

（4）用附件中的 φ6×9 的硅胶管，将主机后面左下角的进气口与采样头相连接。

（5）拔掉采样头上的白色尼龙防尘盖。

（6）按动主机上的启动按钮，气泵开始运转，此时可调整流量到 28.3L/min，主机上的指示灯开始闪亮，随着时间的递减，到"00"时机器自动停止运行，这次操作所定的工作时间将自动存储，相应的主机指示灯也将变为长亮状态。如果需重复进行这次的操作只需将采样头中的平皿依次撤换后，按动启动钮，当主机指示灯熄灭，数码管将显示上次所定的时间，确认后，再次按动启动按钮，主机将重新运行。如果需要更改工作时间，只需在指示灯熄灭的状态下，用"×10"或"×1"按钮重新调整（关机后，所有记忆将消失）。

八、采样后的平皿培养

（1）采样完毕后，迅速取出平皿扣上盖，注意顺序和编注号码。

（2）将采好的平皿倒置于（36±1）℃恒温箱中培养 48h，对有特殊要求的微生物应按相应条件培养。

（3）计数各级平皿上的菌落数，一个菌落数即是一个菌落形成单位（cfu），并根据采样器的流量和采样时间，换算成每立方米空气中的菌落数，以每立方米菌落数（cfu/m³）报告结果。

九、注意事项

在采样工作中，请务必戴上口罩，以免影响检测的准确性。

5 土壤监测训练

任务一　农田土壤环境监测方案的制定

一、实训目的

通过制定农田土壤监测方案的实训，使学生学会农田土壤环境监测方案的制定方法，掌握农田土壤环境监测的程序和农田土壤环境质量评价的方法等。

二、现场调查和资料收集

在制定监测方案之前，收集所监测的农田土壤环境的资料，应进行现场踏勘，将调查得到的信息进行整理和利用，丰富采样工作图的内容。收集的资料主要包括以下内容。

（一）监测区域的自然情况

（1）收集监测区域气候资料（温度、降水量和蒸发量）、水文资料。

（2）收集包括监测区域的交通图、土壤图、地质图、大比例尺地形图等资料，供制作采样工作图和标注采样点位用。

（3）收集土壤历史资料和相应的法律（法规）。

（二）监测区域的土壤利用情况

（1）收集监测区域遥感与土壤利用及其演变过程方面的资料等。

（2）收集监测区域作物生长及产量的资料。

（三）监测区域的土壤性状

（1）收集包括监测区域土类、成土母质等的土壤信息资料。

（2）收集包括监测区域土壤类型分布、层次特征及农业生产特性等的资料。

（四）监测区域的污染历史及现状

（1）收集工程建设或生产过程对土壤造成影响的环境研究资料。

（2）收集造成土壤污染事故的主要污染物的毒性、稳定性以及如何消除等资料。

（3）收集监测区域工农业生产及排污、污灌、化肥农药施用情况资料。

三、监测点位的布设

根据调查目的、调查精度和调查区域环境状况等因素确定监测单元。大气污染型土壤监测单元和固体废物堆污染型土壤监测单元以污染源为中心放射状布点，在主导风向和地表水的径流方向适当增加采样点（离污染源的距离远于其他点）；灌溉水污染监测单元、农用固体废物污染型土壤监测单元和农用化学物质污染型土壤监测单元采用均匀布点；灌溉水污染监测单元采用按水流方向带状布点，采样点自纳污口起由密渐疏；综合污染型土壤监测单元布点采用综合放射状、均匀、带状布点法。

四、监测项目的确定

农田土壤监测项目分常规项目、特定项目和选测项目，见表5-1。常规项目主要考察土壤污染对农作物的影响情况，可根据国家《土壤环境质量农用地土壤污染风险管控标准》（GB 15618—2018）和《土壤环境监测技术规范》（HJ/T 166—2004）选取，特定项目根据污染事故发生后排放的污染物情况选取，选测项目可根据农田的实际情况和监视、监督的侧重点进行选择。

表 5-1　土壤监测项目与监测频次

项　目　类　别		监　测　项　目
常规项目	基本项目	pH值、阳离子交换量
	重点项目	镉、铬、汞、砷、铅、铜、锌、镍、六六六、滴滴涕
特定项目（污染事故）		特征项目
选测项目	影响产量项目	全盐量、硼、氟、氮、磷、钾等
	污水灌溉项目	氰化物、六价铬、挥发酚、烷基汞、苯并［a］芘、有机质、硫化物、石油类等
	POPs与高毒类农药	苯、挥发性卤代烃、有机磷农药、PCB、PAH等
	其他项目	结合态铝（酸雨区）、硒、钒、氧化稀土总量、钼、铁、锰、钙、钠、铝、硅、放射性比活度等

五、分析方法的确定

分析方法参照《土壤环境质量标准》和《土壤环境监测技术规范》以及其他相关的国家标准分析方法。

六、采样时间和频次的确定

土壤某些性质会因季节不同而有变化，因此应根据不同的目的确定适宜的采样时间，同一时间内采取的土样分析结果才能相互比较。常规项目和选测项目一般每年监测一次，在夏收或秋收后采样农田土壤样品。特定项目应在污染事故发生后及时采样，并根据污染物变化趋势决定监测频次。

七、监测结果分析与评价

（一）监测结果分析

监测结果的原始数据要根据有效数字的保留规则正确书写，监测数据的运算要遵循运算规则。在数据处理中，对出现的可疑数据，首先从技术上查明原因，然后再用统计检验处理，经检验验证属离群数据应予剔除，以使测定结果更符合实际。

平行样的测定结果用平均数表示；低于分析方法检出限的测定结果以"未检出"报出，参加统计时按1/2最低检出限计算。土壤样品测定一般保留三位有效数字，含量较低的镉和汞保留两位有效数字，并注明检出限数值。分析结果的精密度数据，一般只取一位有效数字，当测定数据很多时，可取两位有效数字。

（二）监测结果评价

对照《土壤环境质量标准》等相关标准，对农田土壤环境质量进行分析和评价，推断污染物的来源，提出改善农田土壤环境质量的建议和措施。

农田土壤环境质量评价一般以单项污染指数为主，指数小污染轻，指数大污染重。当区域内土壤环境质量作为一个整体与外区域进行比较或与历史资料进行比较时除用单项污染指数外，还常用综合污染指数。综合污染指数反映了各污染物对土壤的作用，同时突出了高浓度污染物对土壤环境质量的影响。

土壤单项污染指数＝土壤污染物实测值/土壤污染物质量标准

$$土壤综合污染指数(P_N) = \left[(P_{I均} + P_{I最大})/2 \right]^{1/2}$$

式中 $P_{I均}$ 和 $P_{I最大}$ 分别是平均单项污染指数和最大单项污染指数。可按综合污染指数，划定污染等级，详见表5-2。

表5-2　土壤综合污染指数评价标准

等级	综合污染指数	污染等级
Ⅰ	$P_N \leqslant 0.7$	清洁（安全）
Ⅱ	$0.7 < P_N \leqslant 1.0$	尚清洁（警戒线）
Ⅲ	$1.0 < P_N \leqslant 2.0$	轻度污染
Ⅳ	$2.0 < P_N \leqslant 3.0$	中度污染
Ⅴ	$P_N > 3.0$	重污染

任务二　农田土壤样品的采集与制备

土壤样品的采集是土壤分析工作中的一个重要环节，直接关系到监测结果的真实性和正确性。由于土壤特别是农业土壤本身的差异很大，因此必须重视采集有代表性的样品，以便获得符合实际的分析结果。

制备样品又称样品加工，其处理程序是风干、磨细、过筛、混合、分装，制成满足分析要求的土壤样品。加工处理的目的是除去非土部分，使测定结果能代表土壤本身的组成；有利于样品能较长期保存，防止发霉、变质；通过研磨、混匀，使分析时称取的样品具有较高的代表性。

农田土壤样品的采集与制备方法参照《土壤环境监测技术规范》（HJ/T 166—2004）中的具体步骤和技术要求。

一、预习思考

（1）采集与处理土样的基本要求是什么？

（2）处理土样时为什么小于1mm和小于0.25mm的细土必须反复研磨使其全部过筛？

（3）处理通过孔径1mm及0.25mm土筛的两种土样时，能否将两种筛套在一起过筛，分别收集两种土筛下的土样进行分析测定？为什么？

二、实训目的

（1）掌握土壤剖面样品和混合样品的采集方法。

（2）掌握土壤样品的处理程序和制备方法。

三、实训准备

（一）资料收集和现场调查

收集监测区域的资料，现场踏勘，将调查得到的信息进行整理和利用，丰富采样工作图的内容。

（二）采样器具准备

（1）工具类。铁锹、铁铲、圆状取土钻、螺旋取土钻、竹片以及适合特殊采样要求的工具等。

（2）器材类。GPS、罗盘、照相机、胶卷、卷尺、铝盒、样品袋、样品箱等。

（3）文具类。样品标签、采样记录表、铅笔、资料夹等。

（4）安全防护用品。工作服、工作鞋、安全帽、药品箱等。

四、实训步骤

（一）监测点位的布设

由于造成土壤污染的成因不同，因此采集污染土壤样品应根据污染源特征和分析监测目的进行布点，具体方法参见本章实训一中"监测点位的布设"。将实际采集土样时采用的布设方法画出简图。

（二）土壤样品采集

1. 土壤剖面样品采集

为研究土壤的基本理化性质和污染物在土壤中的垂直分布情况，按土壤类型，选择有代表性的地点采集土壤剖面样品。剖面的规格一般为长 1.5m、宽 0.8m、深 1.2m。

挖掘土壤剖面要使观察面向阳，表土和底土分两侧放置。根据土壤发生层次由下而上采集土样。一般在各层的典型部位采集厚约 10cm 的土壤，但耕作层必须要全层柱状连续采样，测量重金属的样品应尽量用竹片或竹刀去除与金属采样器接触的部分土壤，再用其取样。每层采 1kg，放入干净的塑料袋内，袋内外均应附有标签，标签上注明采样地点、剖面号码、土层和深度。

2. 耕作土壤混合样品的采集

如果只是为了评定土壤耕作层肥力或研究污染物在土壤耕作层中的分布情况，一般采用混合土样，即在一采样地块上多点采土，混合均匀后取出一部分，以减少土壤差异，提高土样的代表性。混合样的采集主要有四种方法。

（1）对角线法。适用于污灌农田土壤，对角线分 5 等份，以等分点为采样分点。

（2）梅花点法。适用于面积较小、地势平坦、土壤组成和受污染程度相对比较均匀的地块，设分点 7 个左右。

（3）棋盘式法。适宜中等面积、地势平坦、土壤不够均匀的地块，设分点 15 个左右，受污泥、垃圾等固体废物污染的土壤，设分点应在 20 个以上。

（4）蛇形法。适宜于面积较大、土壤不够均匀且地势不平坦的地块，设分点 13 个左右，多用于农业污染型土壤。

在同一采样单元里地形、土壤、生产条件应基本相同。采样点分布应尽量照顾到土壤的全面情况，不可太集中，应避开沟边、路边、田边和堆积边。在确定的采样点上，先用小土铲去掉表层 3mm 左右的土壤，然后倾斜向下切取一片片的土壤，只需取由地面垂直向下 15cm 左右的耕作层土壤或由地面垂直向下在 15~20cm 范围内的土样。将各采样点土样集中一起混合均匀，可反复按四分法缩分，最后留下所需的土样量（一般要求 1kg），装入布袋或塑料袋中，贴上标签，做好记录。

3. 土壤背景值样品的采集

采样点选择应包括主要类型土壤，并远离污染源，同一类型土壤应有 3~5 个以上的采样点。同一采样点并不强调采集多点混合样，而是选取植物发育完好、具代表性的土壤样品。一般监测采集耕作层 20cm 深度的土样，特殊要求的监测（土壤背景、环评、污染事故等）必要时选择部分采样点采集剖面样品。

（三）土壤样品的制备

土壤样品的制备包括风干、去杂、磨细、过筛、混匀、装瓶保存和登记等操作过程。

1. 风干和去杂

将新鲜湿土样平铺于干净的塑料薄膜或牛皮纸上，压碎，摊成薄薄的一层，放在室内阴凉通风处自行干燥。切忌阳光直接曝晒、烘烤和酸、碱、蒸汽以及尘埃等污染。样品风干后，应拣出枯枝落叶、植物根、残茬、虫体以及土壤中的铁锰结核、石灰结核或石子等，若石子过多，将其拣出并称重，记下所占的百分数。

2. 磨细、过筛

取风干土样 100~200g 放在牛皮纸上，用木棍碾碎，使之全部通过 0.25mm（60 目）的筛子，留在筛上的土块再倒在牛皮纸上重新碾磨，如此反复多次。将过筛后的土壤样品充分混合均匀后盛于广口瓶中，作为农药六六六测定之用。

测定土壤中金属元素时，应将土壤样品全部通过 0.149mm（100 目）孔径的筛子，供分析用。过筛后的土壤样品混匀后，分别装入广口瓶中。

样品装入广口瓶中，应贴上标签，并注明其样品编号、土类名称、采样地点、采样深度、采样日期、过筛孔径、采集人等。

五、注意事项

（1）将采样器具清洁干净，物归原处。

（2）清洁实训台面和地面，保持实训室干净整洁。

（3）采样点不能选在田边、沟边、路边或肥堆旁。

（4）经过四分法缩分后的土样应装入布口袋或塑料袋中，写好两张标签，袋内袋口各一张。

任务三　土壤水分的测定

土壤中各种成分含量是以烘干土为基准表示的，无论采用新鲜土样或风干土样，都需测定土壤的干物质含量。干物质含量指在规定条件下，干残留物的质量百分比。土壤水分含量指在105℃下从土壤中蒸发的水的质量占干物质量的质量百分比，其测定方法参照《土壤干物质和水分的测定重量法》（HJ 613—2011），此方法适用于所有类型土壤中干物质和水分的测定。

一、预习思考

（1）土壤的干物质含量和水分指什么？

（2）在烘干土样时，温度为什么不能超过110℃？

二、实训目的

（1）掌握土壤样品制备的方法。

（2）掌握土壤干物质含量和水分测定的方法。

三、原理

根据土壤样品测定项目的要求，将土样过2mm样品筛，用四分法制备土样。将土壤样品置于（105±5）℃烘至恒重，以烘干前后的土样质量差值计算干物质和水分的含量，用质量百分比表示。

四、实训准备

（一）样品的采集和保存

按照《土壤环境监测技术规范》（HJ/T 166—2004）的相关规定进行土壤样品的采集和保存。

测定土壤水分的样品准备：

（1）取适量新鲜土壤样品平铺在干净的搪瓷盘或玻璃板上，避免阳光直射，且环境温度不超过40℃，自然风干，去除石块、树枝等杂质，过2mm样品筛。将大于2mm的土块粉碎后过2mm样品筛，混匀，待测。

（2）新鲜土壤试样。取适量新鲜土壤样品撒在干净、不吸收水分的玻璃板上，充分混匀，去除直径大于2mm的石块、树枝等杂质，待测。

测定样品中的微量有机污染物不能去除石块、树枝等杂质，因此，测定其水分含量时不剔除石块、树枝等杂质。

（二）仪器

（1）鼓风干燥箱。（105±5）℃。

（2）干燥器。装有无水变色硅胶。

（3）分析天平。精度为0.01g。

（4）铝盒。用于烘干风干土壤时容积应为 25～100mL，用于烘干新鲜潮湿土壤时容积应至少为 100mL。

（5）样品筛。2mm。

（6）样品勺、研钵及其他一般实训室常用仪器和设备。

五、实训步骤

（一）风干土壤试样的测定

取铝盒和盖子于（105±5）℃下烘干 1h，稍冷，盖好盖子，然后置于干燥器中至少冷却 45min，测定带盖铝盒的质量 m_0，精确到 0.01g。用样品勺将制备好的风干土样混匀，取 10～15g 转移至已称重的铝盒中，均匀平铺，盖上铝盒盖，测定铝盒盖，测定总质量 m_1，精确至 0.01g。

取下铝盒盖，将铝盒和风干土样一并放入烘箱中，在（105±5）℃下烘干至恒重，同时烘干铝盒盖。盖上容器盖，置于干燥器中至少冷却 45min，取出后立即测定带盖铝盒和烘干土样的总质量 m_2，精确到 0.01g。风干土样水分的测定应做两份平行测定。

注：恒重指样品烘干后，再以 4h 烘干时间间隔对冷却后的样品进行两次连续称重，前后差值不超过最终测定质量的 0.1%，此时的重量即为恒重。一般情况下，大部分土壤的干燥时间为 16～24h，少数特殊土壤样品和大颗粒土壤样品需要更长时间。

（二）新鲜土壤试样

取已制备好的新鲜土样 30～40g，其他步骤同上。新鲜土样水分的测定应做两份平行测定。采样采样制备后应尽快分析，以减少其水分的蒸发。

六、数据处理

土壤样品中的干物质含量 W_{dm} 和水分含量 W_{H_2O} 分别按照以下公式进行计算。

$$W_{dm} = \frac{m_2 - m_0}{m_1 - m_0} \times 100$$

$$W_{H_2O} = \frac{m_1 - m_2}{m_2 - m_0} \times 100$$

式中　W_{dm}——土壤样品中的干物质含量，%；

　　W_{H_2O}——土壤样品中的水分含量，%；

　　m_0——铝盒质量，g；

　　m_1——烘干前铝盒及土样的总质量，g；

　　m_2——烘干后铝盒及土样质量，g。

平行测定的结果用算术平均值表示，测定结果精确至 0.1%。

测定风干土样，当干物质含量>96%，水分含量≤4%时，两次测定结果之差的绝对值应≤2%（质量分数）；当干物质含量≤96%，水分含量>4%时，两次测定结果的相对偏差应≤0.5%。

测定新鲜土样，当水分含量≤30%时，两次测定结果之差的绝对值应≤1.5%（质量分数）；当水分含量>30%时，两次测定结果的相对偏差应≤5%。

七、注意事项

（1）实训过程中应避免铝盒内土壤细颗粒被气流或风吹出。

（2）一般情况下，在（105±5）℃下有机物的分解可以忽略，但是对于有机质含量>10%（质量分数）的土壤样品（如泥炭土），应将干燥温度改为50℃，然后干燥至恒重，必要时，可抽真空，以缩短干燥时间。

（3）应注意一些矿物质（如石膏）在105℃干燥时会损失结晶水。

（4）如果样品中含有挥发性（有机）物质，本方法不能准确测定其水分含量。

（5）如果待测样品中含有石膏，测定含有石子、树枝等的新鲜潮湿土壤，以及其他影响测定结果的内容，均应在监测报告中注明。

（6）土壤水分含量是基于干物质量计算的，所以其结果可能超过100%。

任务四 土壤 pH 值的测定

土壤 pH 值是土壤酸碱度的强度指标，主要来自土壤中的腐殖质或有机质、基岩、矿物质、可溶性盐类和二氧化碳。土壤的 pH 值是土壤的基本性质和肥力的重要影响因素之一。同时在土壤理化分析中，土壤 pH 值与很多项目的分析方法和分析结果有密切关系，因而是进行土壤环境质量评价的重要依据。土壤 pH 值测定方法参照《土壤 pH 值的测定》（NY/T 1377—2007），此方法适用于各类土壤 pH 值的测定。

一、预习思考

（1）如何根据土壤类型选择浸提剂？
（2）如何确定浸提剂与土壤的比例？
（3）影响土壤 pH 值测定值大小的因素有哪些？

二、实训目的

（1）掌握土壤样品制备的方法。
（2）掌握土壤 pH 值测定的方法。

三、原理

土壤 pH 值的测定一般采用无二氧化碳蒸馏水做浸提剂。酸性土壤由于交换性氢离子和铝离子的存在，采用氯化钾溶液做浸提剂；中性和碱性土壤，为了减少盐类差异带来的误差，采用氯化钙溶液做浸提剂。浸提剂与土壤的比例通常为 2.5：1，盐土采用 5：1，枯枝落叶层或泥炭层采用 10：1。浸提液经平衡后，用酸度计测定 pH 值。

当规定的指示电极和参比电极浸入土壤悬浊液时，构成一原电池，其电动势与悬浊液的 pH 值有关，通过测定土壤悬浊液的电动势即可测定土壤的 pH 值。

四、实训准备

（一）样品的采集和保存

按照《土壤环境监测技术规范》（HJ/T 166—2004）的相关规定进行土壤样品的采集和保存。

土壤样品的制备方法如下。

1. 风干

新鲜样品应进行风干。将样品平铺在干净的纸上，摊成薄层，于室内阴凉通风处风干，切忌阳光直接暴晒。风干过程中应经常翻动样品，加速其干燥。风干场所应防止酸、碱等气体及灰尘的污染。当土样达半干状态时，应及时将大土块捏碎。亦可在不高于 40℃条件下干燥土样。

2. 磨细和过筛

用四分法分取适量风干样品，剔除土壤以外的侵入体，如动植物残体、砖头、石块等，再用圆木棍将土样碾碎，使样品全部通过 2mm 孔径的标准筛。过筛后的土样应允许混匀，装入玻璃广口瓶、塑料瓶或洁净的土样袋中，备用。储存期间，试样应尽量避免日光、高温、潮湿、酸碱气体等的影响。

（二）仪器

（1）实训室常用仪器设备。

（2）酸度计。精度高于 0.1 单位，有温度补偿功能。

（3）电极。玻璃电极、饱和甘汞电极或 pH 复合电极。当 pH 值大于 10 时，应使用专用电极。

（4）振荡机或磁力搅拌器。

（三）试剂

（1）水。pH 值和电导率应符合《分析实验室用水规格和试验方法》（GB/T 6682—2008）规定的至少三级水的要求，并应除去二氧化碳。

无二氧化碳水的制备方法：将水注入烧瓶中（数量不超过烧瓶体积的 2/3），煮沸 10min，放置冷却，用装有碱石灰干燥管的橡皮塞做瓶塞。如制备 10~20L 较大体积的不含二氧化碳的水，可插入一玻璃管到容器底部，通氮气到水中 1~2h，以除去被水吸收的二氧化碳。

（2）0.01mol/L 氯化钙溶液。称取 147.02g 氯化钙（$CaCl_2 \cdot 2H_2O$），用 200mL 水溶解后，加水稀释至 1000mL，即为 1.0mol/L 氯化钙溶液。吸取 10mL 1.0mol/L 氯化钙溶液置于 500mL 烧杯中，加入 400mL 水，搅匀后用少量氢氧化钙或盐酸调节至 pH 值为 6 左右，再加水稀释至 1000mL，即为 0.01mol/L 氯化钙溶液。

（3）1.0mol/L 氯化钾溶液。称取 74.6g 氯化钾（KCl），精确至 0.1g，用 400mL 水溶解。此溶液 pH 值应在 5.5~6.0，然后加水稀释至 1000mL。

（4）pH 标准缓冲溶液。以下 pH 标准缓冲溶液应用 pH 基准试剂配制。如储存于密闭的聚乙烯瓶中，则配制好的 pH 标准缓冲溶液至少可稳定一个月。不同温度下各标准缓冲溶液的 pH 值见表 5-3。

表 5-3　不同温度下各标准缓冲溶液的 pH 值

温度/℃	邻苯二甲酸氢钾标准缓冲溶液	混合物磷酸盐标准缓冲溶液	四硼酸钠标准缓冲溶液
10	4.00	6.92	9.33
15	4.00	6.90	9.28
20	4.00	6.88	9.23
25	4.00	6.86	9.18
30	4.01	6.85	9.14

1）pH = 4.00 酸性缓冲溶液。称取经 110~120℃ 烘干 2~3h 的分析纯邻苯二甲酸氢钾 10.21g，溶于水中，移入 1L 容量瓶中，用水定容，储于试剂瓶。

2）pH = 6.86 中性缓冲溶液。称取经 110~130℃ 烘干 2~3h 的分析纯磷酸二氢钾（KH_2PO_4）3.388g，分析纯磷酸氢二钠（Na_2HPO_4）3.533g 溶于水中，移入 1L 容量瓶中，用水定容，储于试剂瓶。

3）pH = 9.18 碱性缓冲溶液。称取经平衡处理的分析纯硼砂（$Na_2B_4O_7 \cdot 10H_2O$）3.800g 溶于无 CO_2 的水中，移入 1L 容量瓶中，用水定容，储于聚乙烯瓶。

五、实训步骤

（一）土壤溶液的制备

（1）一般土壤。称取制备好的风干土样 10.00g 于 50mL 高型烧杯中，加 25mL 去除 CO_2 的水或 25mL 0.01mol/L 氯化钙溶液（中性和碱性土壤）。

（2）盐土。称取制备好的风干土样 5.00g 于 50mL 高型烧杯中，加入 25mL 去除 CO_2 的水或 25mL 0.01mol/L 氯化钙溶液（中性和碱性土壤）。

（3）枯枝落叶层或泥炭层土壤。称取制备好的风干土样 5.00g 于 50mL 高型烧杯中，加入 50mL 去除 CO_2 的水或 50mL 0.01mol/L 氯化钙溶液（中性和碱性土壤）。将容器密封后，用振荡机或磁力搅拌器，剧烈振荡或搅拌 5min，然后静置 1~2h。

（二）pH 电极校正（以 pHs-3C 型酸度计，pH 复合电极为例）

（1）电极插头插入插口，仪器接通电源。

（2）仪器选择开关置于 pH 挡，开启电源，仪器预热 20min，然后进行校正。

（3）将电极头上的保护帽取下，在蒸馏水清洗电极后，用滤纸吸干。

（4）电极校正。采用二点校正法－用于分析精度要求较高的情况。

1）将仪器"斜率调节器"置于"100%"处。

2）选择两种缓冲溶液，即中性溶液和酸性溶液或中性溶液和碱性溶液。

3）将电极放入 pH 值为 7 左右的中性缓冲溶液中，调节"温度调节器"，使所指示的温度与该缓冲溶液的温度相同，并摇动缓冲溶液使溶液均匀，读数稳定后，调"斜率调节器"使读数为该溶液的 pH 值。

4）将电极清洗后，用滤纸吸干，放入第二种缓冲液中，摇动试杯，待读数稳定后，调"斜率调节器"使读数为该溶液的 pH 值。

5）电极经校正后，在不同的缓冲溶液中应显示溶液温度下对应的 pH 值。

（三）土壤溶液 pH 值的测定

测量土壤溶液的温度，土壤溶液的温度与标准缓冲溶液的温度之差不应超过 1℃。pH 值测量时，应在搅拌的条件下或事前充分摇动土壤溶液后，将清洗干净的电极插入土壤溶液中，待读数稳定后读取 pH 值。

取出电极，以水洗净，用滤纸条吸干水分后即可进行下一次测定。每个样品重复测定 2 次，每测 5~6 个样品后需用标准缓冲溶液检查定位。

六、数据处理

直接读取 pH 值，结果保留一位小数，并标明浸提剂的种类。样品进行两份平行测定，取其算术平均值。

在重复性条件下获得的两次独立测定结果的绝对差值不大于 0.1。如采用精密酸度计，允许差为 0.02。

七、注意事项

（1）土壤试样不宜磨得过细，以通过 2mm 筛孔为宜。试样应保存在磨口瓶中，防止空气中氨和其他挥发性气体的影响。

（2）蒸馏水中 CO_2 会使测得的土壤 pH 值偏低，故应尽量除去，以避免其干扰。

任务五　土壤中铜、锌含量的测定（原子吸收分光光度法）

铜和锌均是作物生长发育必需的营养元素，也是人体糖代谢过程中必需的微量元素。但铜和锌过量时又都是有害的，铜过量达 100mg，就会刺激消化系统，引起腹痛、呕吐，长期过量可促使肝硬化。锌过量时会引起发育不良、新陈代谢失调、腹泻等症状。一般来说，锌的毒性较铜弱。土壤中的铜、锌污染主要是由冶炼厂、矿产开采以及电镀工业的"三废"排放引起的。

测定土壤中铜、锌含量的标准分析方法是《土壤质量铜、锌的测定火焰原子吸收分光光度法》（GB/T 17138—1997）。

一、预习思考

（1）原子吸收分光光度法测定铜、锌含量时，所用光源是否相同？
（2）配制铜、锌混合标准使用液时，所用溶剂是什么？
（3）硝酸镧在测定中的主要作用是什么？

二、实训目的

（1）了解原子吸收分光光度法的原理。
（2）掌握土壤样品的硝化方法。
（3）掌握原子吸收分光光度法测定土壤中铜、锌含量的原理和步骤。

三、原理

采用盐酸-硝酸-氢氟酸-高氯酸全消解的方法，彻底破坏土壤的矿物晶格，使试样中的待测元素全部进入试液；然后，将土壤消解液喷入空气-乙炔火焰中，在火焰的高温下，铜、锌化合物离解为基态原子，该基态原子蒸汽会对相应的空心阴极灯放射的特征谱线产生选择性吸收；在选择的最佳测定条件下，测定铜、锌的吸光度。

四、实训准备

（一）样品准备

将采集的土壤样品（一般不少于 500g）混匀后，用四分法缩分至约 100g。缩分后的土样经风干（自然风干或冷冻干燥）后，除去土样中石子和动植物残体等异物，用木棒（或玛瑙棒）研压，通过 2mm 尼龙筛（除去 2mm 以上的沙砾），混匀。用玛瑙研钵将通过 2mm 尼龙筛的土样研磨至全部通过 100 目（孔径 0.149mm）尼龙筛，混匀后备用。

（二）仪器

原子吸收分光光度计（带有背景扣除装置）、铜空心阴极灯、锌空心阴极灯、乙炔钢瓶、空气压缩机（应备有除水、除油和除尘装置）等。

不同型号仪器的最佳测试条件不同，可根据仪器使用说明书自行选择。通常采用表 5-4 中的测量条件。

表5-4 仪器测量条件

元素	铜	锌
测定波长/nm	324.8	213.8
通带宽度/nm	1.3	1.3
灯电流/mA	7.5	7.5
火焰性质	氧化性	氧化性
其他可测定波长/nm	327.4，225.8	307.6

（三）试剂

（1）盐酸（HCl），$\rho = 1.19 g/mL$，优级纯。

（2）硝酸（HNO_3），$\rho = 1.42 g/mL$，优级纯。

（3）（1+1）硝酸溶液。

（4）硝酸溶液，体积分数为0.2%。

（5）氢氟酸（HF），$\rho = 1.49 g/mL$。

（6）高氯酸（$HClO_4$），$\rho = 1.68 g/mL$，优级纯。

（7）硝酸镧 $[La(NO_3)_3 \cdot 6H_2O]$ 水溶液，质量分数为5%。

（8）铜标准储备液（1.000mg/mL）。准确称取1.0000g（精确至0.0002g）光谱纯金属铜于50mL烧杯中，加入20mL(1+1)硝酸溶液，微热溶解；冷却后转移至1000mL容量瓶中，用水定容至标线，摇匀。

（9）锌标准储备液（1.000mg/mL）。准确称取1.0000g（精确至0.0002g）光谱纯金属锌粒于50mL烧杯中，加入20mL(1+1)硝酸溶液，微热溶解。冷却后转移至1000mL容量瓶中，用水定容至标线，摇匀。

（10）铜、锌混合标准使用液（铜20.0μg/L、锌10.0μg/L）。临用前将铅、锌标准储备液用0.2%硝酸溶液经逐级稀释配制。

五、实训步骤

（一）样品的硝化

准确称取通过0.149mm孔径尼龙筛的风干土样0.2~0.5g（精确至0.0002g）于50mL聚四氟乙烯坩埚中，用几滴水润湿后，加入10mL HCl，于通风厨内的电热板上低温加热，使样品初步分解，蒸发至约3mL时，取下冷却，然后加入5mL HNO_3、5mL HF、3mL $HClO_4$，加盖后于电热板上中温加热1h左右，然后开盖，继续加热除硅，为了达到良好的除硅效果，应经常摇动坩埚。当加热至冒浓厚高氯酸白烟时加盖，使黑色有机碳化物充分分解。待坩埚上的黑色有机物消失后，开盖驱赶白烟并蒸至内溶物呈黏稠状，视消解情况，可再加入3mL HNO_3、3mL HF、1mL $HClO_4$，重复上述消解过程。当白烟再次基本冒尽且内溶物呈黏稠状，取下冷却，用水冲洗坩埚盖和内壁，并加入1mL(1+1)硝酸溶液，温热溶解残渣，然后将溶液转移至50mL容量瓶中，加入5mL硝酸镧溶液，冷却后，定容，摇匀待测。

（二）标准曲线的绘制

准确移取铜、锌混合标准使用液0.00mL、0.50mL、1.00mL、2.00mL、3.00mL、

5.00mL 于 50mL 容量瓶中，加入 5mL 硝酸镧溶液，用 0.2%硝酸溶液定容。该标准溶液含铜 0、0.20mg/L、0.40mg/L、0.80mg/L、1.20mg/L、2.00mg/L，含锌 0、0.10mg/L、0.20mg/L、0.40mg/L、0.60mg/L、1.00mg/L，在上述选定的火焰原子吸收测量条件下，用 0.2%硝酸溶液调零后，按由低到高浓度顺序分别测定不同标准系列溶液的吸光度。

用减去空白的吸光度与相对应的元素含量（mg/L），分别绘制铜、锌的标准曲线。

（三）空白试验

用去离子水代替试样，采用和样品硝化相同的步骤和试剂，制备全程序空白溶液，每批样品至少制备 2 个以上的空白溶液。

（四）样品和空白的测定

在测量标准溶液的同时，测定空白和试样的吸光度。根据扣除空白后试样的吸光度，从标准曲线查出试样中铜、锌的含量。

六、数据处理

土壤样品中铜、锌的含量 ω（mg/kg），按下式计算：

$$\omega = \frac{c \times V}{m \times w_{dm}}$$

式中　ω——土壤样品中铜、锌的含量，mg/kg；

　　　　c——试液的吸光度减去空白试验的吸光度，然后在标准曲线上查得铜、锌的含量，mg/L；

　　　　V——试液定容的体积，mL；

　　　　m——风干土样的重量，g；

　　　　w_{dm}——风干土样中的干物质含量，%。

七、注意事项

（1）方法的最低检出限（按称取 0.5g 试样消解定容至 50mL 计算），锌为 0.5mg/kg，铜为 1mg/kg。

（2）细心控制硝化温度，升级过快反应物易溢出或炭化。

（3）土壤硝化物若不呈灰白色，应补加少量高氯酸，继续酸化。由于高氯酸对空白影响大，要控制用量。

（4）高氯酸具有氧化性，应待土壤里大部分有机质硝化完反应物，冷却后再加入，或者在常温下，有大量硝酸存在下加入，否则会使杯中样品溅出或爆炸，使用时务必小心。

（5）当土壤消解液中铁含量大于 100mg/L 时，抑制锌的吸收，加入硝酸镧可消除共存分成的干扰。

任务六 土壤中铀的测定（电感耦合等离子体发射光谱法）

一、实训目的

（1）了解土壤中铀的存在形式与状态。

（2）掌握电感耦合等离子体发射光谱法测定土壤中铀。

二、原理

试样经消解后，用硝酸溶解制成的硝酸溶液，按试验选定的仪器条件在光谱仪上测定铀的含量。

三、实训准备

（一）试剂

（1）硝酸（$\rho = 1.42\text{g/mL}$）；

（2）高氯酸（$\rho = 1.75\text{g/mL}$）；

（3）氢氟酸（$\rho = 1.15\text{g/mL}$）；

（4）硝酸溶液（1+2）。

（二）土壤样品的处理

（1）在称取试样前，先要将试样在 $105 \sim 110\text{℃}$ 烘箱中烘干至恒重（约 2h），以排除土壤含水量对铀含量测量结果的影响。

（2）称取试样 $0.01 \sim 0.10\text{g}$（准确至 0.0001g）于 30mL 聚四氟乙烯坩埚中，用少量水湿润。

（3）加入 5mL 硝酸（$\rho = 1.42\text{g/mL}$）、3mL 高氯酸（$\rho = 1.75\text{g/mL}$）、2mL 氢氟酸（$\rho = 1.15\text{g/mL}$），摇匀，加盖，在消解炉上加热约 1h，注意控制温度不超过 300℃，将试样分解完全后，去盖蒸至白烟冒尽。

（4）取下坩埚，沿壁加入 1mL 硝酸（$\rho = 1.42\text{g/mL}$），将坩埚放回到消解炉上，加热至湿盐状（防止干涸）。

（5）取下坩埚，趁热沿壁加入 5mL 已预热（$60 \sim 70\text{℃}$）的硝酸溶液（1+2），加热至溶液清亮后立即取下，用水冲壁一圈，放至室温，转入 50mL 容量瓶中，用水稀释至刻度，摇匀，澄清后待测。

注：每批样品须带 2~3 个空白。

四、土壤样品的测定（ICP-OES 使用方法）

（1）检查进样废液泵管是否正确安装到 ICP-OES 的蠕动泵上，以及空气过滤器是否被阻塞。

（2）打开实验室排风系统，并保证气体管路及冷却水管路已连接到 ICP-OES 仪器上。

（3）打开冷却水系统，保证气源和冷却水已打开并设置为正确的压力，并且冷却水已设置为正确的温度。

（4）检查炬管是否已清洁并处于良好状态，以及炬管手柄是否已完全闭合，查雾化室、雾化器和蠕动泵上的所有管道是否已安装并正确连接。

（5）打开计算机和ICP-OES，并运行软件，等ICP-OES预热2h后，Peltier应为40℃，单色器应为35℃。

（6）在软件中选择要测试的元素，并添加合适的波长。软件中添加标样的个数，并填写各个标样的浓度。

（7）确保ICP-OES上的指示灯全部变绿色之后，点燃等离子体。然后按照软件提示，依次检测空白样、标样、待测样。

（8）测样完毕后，熄灭等离子体，进样管进1min 10%的硝酸，从蠕动泵上拆下管道，然后依次关闭计算机、ICP-OES、气源、冷却水机、排风系统。

6 综合创新技能训练

任务一 环境监测综合训练任务书

一、校园空气质量监测

（一）校园空气质量监测方案的制订

对监测区教学现场调查，对以下调查内容以表格或其他能清晰表达的形式加以记录。

（1）监测区大气污染源、数量、方位、排出口的污染物及排放量、排放方式，同时了解所用原料、燃料及消耗量等。

（2）监测区周边大气污染源的类型、数量、方位及排放量。

（3）监测区周边的交通运输引起的污染情况、车流量。

（4）监测时段内校园气象资料。风向、风速、气温、气压、降水量、日照时间、相对湿度等。

（5）监测区在整个城市中的位置。

（6）校园区域划分。"居住区""教学区""污染源区"等。

（7）其他你认为应该调查的内容。

大气监测方案是大气监测实施的依据，制订方案时可以模仿案例。

（二）校园空气监测及结果分析

1. 实施大气监测具体安排

全班同学分成几组，分别负责布设点上的采样及样品分析；大气采样前，试剂、试液的准备、配制，对采样仪器进行调试，查看采样器及采样点电源配备等情况，由学生自己安排完成。

2. 大气采样时间及采样频率安排

监测实习过程中，大气采样至少连续三天，每天每个采样点采集 3~4 次样。采样情况记录以表格形式列出。

3. 大气监测结果及分析

样品采集完，按照规定立即进行分析，并对分析结果进行数据处理。各项目分析监测及数据方法参看我国大气项目标准分析方法，即《大气和废气监测分析方法》。最后将结果汇总在表格中。

（三）对校园的空气质量进行简单评价

全班同学在一起对大气监测结果进行讨论，并对校园的大气质量进行简单评价，要求学生积极发言，发表自己的观点及意见。期望学生对监测实习的组织形式提出好的改进意见。

（1）对监测结果讨论的内容及方式。首先每一个采样点上的采样人员介绍该采样点及其周围环境；监测过程中出现哪些异常问题，对本组所得监测结果进行总结；找出本组各采样时段内不同的大气污染物的变化规律（同一天的不同时段及不同天的同一相应时段各污染物的浓度的变化趋势）；与其他组的相应结果进行比较，得出该采样点周围的空气环境质量。

（2）对校园空气质量的评价。将校园的大气质量与国家相应标准比较得出结论，分析校园大气质量现状，找出出现目前校园空气环境质量现状的原因，预测未来两年内的校园大气质量，提出改善校园空气环境质量的建议及措施。

二、校园水及污水监测

（一）制订校园水及污水监测方案

对校园内污水及生活用水进行现场调查，对以下调查内容以表格或其他能清晰表达的方式加以记录。

（1）食堂水包括哪几部分，各部分水中含的物质大致情况，每天水量大致占全校污水排量的比例。

（2）调查医院污水去向，排水量占校园污水排放的比例。

（3）校园中各实验室的污水排水去向，排水量。

（4）生活污水的排水量。

（5）校园内自来水用水量等。

制订校园内水监测方案一览表，并确定监测项目。

（二）校园用水、污水监测及结果分析

（1）实施水及污水的监测具体内容安排。全班同学分组，每组负责几个项目的测定，拿到监测项目后，每组同学做好采样前准备工作：1）试剂、标准溶液及其他试液准备；2）采样器、采样时的保护剂等。

（2）学生亲自动手进行水样采集、保护、预处理及分析测试。

（3）水监测结果及分析。各项目分析监测及数据处理方法参看我国水质标准分析方法，即《水和污水监测分析方法》。

（三）对校园内水及污水水质进行简单评价

全班同学在一起对水及污水监测结果进行讨论，并对校园内水及污水水质进行简单评价。要求学生积极发言，发表自己的观点及意见。期望学生对监测实习的组织形式提出好的改进意见。

（1）对监测结果讨论的内容及方式。首先每一项目负责人员对本项目的监测及其结果进行叙述，监测过程中出现哪些异常问题，对本组所得监测结果进行总结，找出水中各污染物浓度的相应关系。

（2）对校园水及污水质量的评价。校园的水及污水水质与国家相应标准比较，并得出结论；分析校园水及污水水质现状；预测未来两年内的校园水及污水水质；提出改善校园水及污水水质的建议及措施。

全班对水质监测过程中出现的问题及监测结果进行讨论，并对水质进行简单评价。

三、环境监测综合训练总结

学生通过一周的环境监测综合训练，应进行系统的总结工作，要求学生完成以下总结报告。

（1）大气监测实施方案（自己制订的）。

（2）水监测实施方案（自己制订的）。

（3）大气及水监测实习报告，不管是大气，还是水监测实习报告中都应包括以下内容，并应以学生自己的语言组织编写。实习报告包括以下内容：

1）说明实习目的。

2）用简练的语言说明整个实习过程；尤其要说明自己在水样预处理时，用以消除干扰、保证监测结果的准确性所采取的措施；说明监测同一个水样的、互相干扰的不同项目时，自己如何进行监测的。

3）说明整个大气或水的监测结果。

4）对监测结果的讨论及说明，并对校园废水、各种用水及大气质量进行简单评价。

5）总结实习过程中出现的问题分析、经验及教训，实习训练过程中的体会及收获。

四、要求

每个组写一个实训方案，最终完成一个实训报告，组员分工明确，组员的平时表现得分由组长决定。

任务二　校园周边水环境监测综合实践训练

一、实训目的

（1）通过水环境监测实验，进一步让学生巩固课本所学知识，深入了解水环境监测中各环境污染因子的采样与分析方法、误差分析、数据处理等方法与技能。

（2）通过对校园周边河水水质监测，掌握校园周边的水环境质量现状，并判断水环境质量是否符合国家有关环境标准的要求。

（3）培养学生的实践操作技能和综合分析问题的能力。

二、水环境监测项目和范围

（1）监测项目。水质监测项目可分为水质常规项目、特征污染物和水域敏感参数。水质常规项目可根据生活区等排放到河水的污染物来选取。监测项目根据规定的水质要求和有毒物质确定。

（2）监测范围。地表水监测范围必须包括生活区排水对地表水环境影响比较明显的区域，应能全面反映与地表水有关的基本环境状况。

三、监测点布设、监测时间和采样方法

由于华北理工大学周边较近的河流是长河，因此，我们长期主要是以此河水为监测对象，对水质进行监测。监测点选择几处不同的监测断面。

（1）监测点布设。监测断面和采样点的设置应根据监测目的和监测项目，并结合水域类型、水文、气象、环境等自然特征，综合诸多方面因素提出优化方案，在研究和论证的基础上确定。

（2）监测时间。监测目的和水体不同，监测的频率往往也不相同。对河流和湖泊的水质/水文同步调查 3~4 天，至少应有 1 天对所有已选定的水质采样分析。

（3）采样方法。根据监测项目确定是混合采样还是单独采样。采样器需事先用洗涤剂、自来水、10%硝酸或盐酸和蒸馏水洗涤干净、沥干，采样前用被采集的水样洗涤 2~3次。采样时应避免激烈搅动水体和漂浮物进入采样桶；采样桶桶口要迎着水流方向浸入水中，水充满后迅速提出水面，需加保存剂时应在现场加入。为特殊监测项目采样时，要注意特殊要求，如应用碘量法测定水中溶解氧，需防止曝气或残存气泡的干扰等。

四、样品的保存和运输

水样存放过程中，由于吸附、沉淀、氧化还原、微生物作用等，样品的成分可能发生变化，因此如不能及时运输和分析测定的水样，需采取适当的方法保存。较为普遍采用的保存方法有控制溶液的 pH 值、加入化学试剂、冷藏和冷冻。

采取的水样除一部分现场测定使用外，大部分要运送到实验室进行分析测试。在运输过程中，为继续保证水样的完整性、代表性，使之不受污染，不被损坏和丢失，必须遵守各项保证措施。根据水样采样记录表清点样品，塑料容器要塞紧内塞、旋紧外塞；玻璃瓶

要塞紧磨口塞，然后用细绳将瓶塞与瓶颈拴紧。需冷藏的样品，配备专门的隔热容器，放冷却剂。冬季运送样品，应采取保温措施，以免冻裂样瓶。

五、分析方法与数据处理

（1）分析方法。分析方法按国家环保局规定的《水和废水分析方法》进行，可按表6-1编写。

表 6-1　监测项目的分析方法及检出下限

序号	监测项目	分析方法	检出下限	国标号
1	pH 值、电导率、温度、氧化还原电位、溶解氧	水质分析仪		
2	CODcr	重铬酸盐氧化滴定法	5mg/L	GB 11914—1989
3	BOD$_5$	稀释法测定	≥2mg/L	
4	浊度	浊度仪	不超过1度（NTU）	

（2）数据处理。监测结果的原始数据要根据有效数字的保留规则正确书写，监测数据的运算要遵循运算规则。在数据处理中，对出现的可疑数据，首先从技术上查明原因，然后再用统计检验处理，经验证后属离群数据应予剔除，以使测定结果更符合实际。

（3）分析结果的表示。可按表6-2对水质监测结果进行统计。

表 6-2　水质监测结果统计

断面名称	污染因子	pH 值	SS	DO	CODcr	BOD$_5$	NH$_3$-N	…
1	浓度/mg·L^{-1}							
	超标倍数							
2	浓度/mg·L^{-1}							
	超标倍数							
⋮	标准值							

（4）水质评价。目前我国颁布的水质标准主要有地面水环境质量标准（GB 3838—2002）、生活饮用水卫生标准等。地面水环境质量标准适用于全国江河、湖泊、水库等水域。学生需根据监测结果，对照地面水环境质量标准，对河水进行评价，判断水质属于几级；推断污染物的来源，对污染物的种类进行分类，并提出改进的建议。

任务三 校园周边环境空气质量监测

一、实训目的

（1）通过实验进一步巩固课本知识，深入了解大气环境中各种污染物的具体采样方法、分析方法、误差分析及数据处理等方法。

（2）对校园周边的环境空气定期监测，评价校园周边的环境空气质量，对研究校园大气环境质量变化及制订校园环境保护规划提供基础数据。

（3）根据污染物或其他影响环境质量因素的分布情况，追踪污染路线，寻找污染源，为校园环境污染的治理提供依据。

（4）培养团结协作精神及综合分析与处理问题的能力。

二、校园周边大气环境影响因素识别

大气污染受气象、季节、地形、地貌等因素的强烈影响而随时间变化，因此应对校园内各种大气污染源、大气污染物排放状况及自然与社会环境特征进行调查，并对大气污染物排放作初步估算。

（1）校园周边固定污染源调查。主要调查校园周边固定污染源大气污染物的排放源、数量、燃料种类和污染物名称及排放方式等，为大气环境监测项目的选择提供依据，可按表6-3的方式进行调查。

表6-3 校园周边大气污染源情况调查

序号	污染源名称	数量	燃料种类	污染物名称	污染物治理措施	污染物排放方式	备注
1	工厂						
2	建筑工地						
3							

（2）校园周边流动污染源调查。校园周边大气流动污染源主要调查汽车尾气排放情况，汽车尾气中主要含有 CO、NO_x、烟尘等污染物。调查形式见表6-4。

表6-4 汽车尾气调查情况

路段						
车流量/辆·h^{-1}	大型车					
	中型车					
	小型车					

（3）气象资料收集。主要收集校园周边所在地气象站（台）近年的气象数据，包括风向、风速、气温、气压、降水量、相对湿度等，具体调查内容见表6-5。

三、大气环境监测因子的筛选

根据国家环境空气质量标准和校园及其周边的大气污染物排放情况筛选监测项目，结合大气污染源调查结果，可选 TSP、PM2.5、SO_2、NO_2、CO 等作为大气环境监测项目。

表 6-5　气象资料调查

项目	调查内容
风向	主导风向、次主导风向及频率等
风速	年平均风速、最大风速、最小风速、年静风频率等
气温	年平均气温、最高气温、最低气温等
降水量	平均年降水量、每日最大降水量等
相对湿度	年平均相对湿度

四、大气监测方案

（1）采样点的布设。根据污染物的等标排放量，及当地的地形、地貌、气象条件，按功能区划分的布点法和网格布点法相结合的方式来布置采样点。各测点名称及相对校园中心点的方位和直线距离可按表 6-6 列出，各测点具体位置应在总平面布置图上注明。

表 6-6　测点名称及相对方位

测点编号	测点名称	测点方位	到校园中心点距离/m
1	东校门外		
2	西校门外		
3	南校门外		
4	某工厂		

（2）监测项目和分析方法的确定。根据大气环境监测因子的筛选结果确定监测项目，按照《空气和废气监测分析方法》《环境监测技术规范》和《环境空气质量标准》所规定的采样和分析方法执行，具体方法可按表 6-7 列出。

表 6-7　环境空气监测项目及分析方法

监测项目	采样方法	流量/L·min^{-1}	采气量/L	分析方法	检出下限/mg·m^{-3}
PM2.5	滤膜阻留法	100	72000	重量法	0.1
SO_2	溶液吸收法	0.5	22.5	甲醛缓冲溶液吸收-盐酸副玫瑰苯胺分光光度法	0.009
NO_2	溶液吸收法	0.3	13.5	盐酸萘乙二胺分光光度法	0.01
TSP	滤膜阻留法			重量法	0.1

（3）采样时间和频次。采用间歇性采样方法，连续监测 3~5 天，每天采样频次根据学生的实际情况确定，SO_2、NO_2、CO 等每隔 2~3h 采样一次；TSP、PM2.5 每天采样一次，连续采样。采样应同时记录气温、气压、风向、风速、阴晴等气象因素。

五、数据处理

（1）数据整理。监测结果的原始数据要根据有效数字的保留规则正确书写，监测数据的运算要遵循运算规则。在数据处理时，对出现的可疑数据，首先从技术上查明原因，然后再用统计检验处理，经检验验证属离群数据应予剔除，以使测定结果更符合实际。

（2）分析结果的表示。将监测结果按样品数、检出率、浓度范围进行统计并制成表格，可按表6-8统计分析结果。

表6-8　环境空气监测结果统计

编号	测点名称	样品数	检出率/%	小时平均值		日均值	
				浓度范围	超标率/%	浓度范围	超标率/%
1							
2							
⋮							
	标准值						

附　　录

附录一　化学试剂

一、化学试剂的质量规格

化学试剂在分析监测试验中是不可缺少的物质，试剂的质量及实际选择恰当与否，将直接影响分析监测结果的成败，因此，对从事分析监测的人员来说，应对试剂的性质、用途、配制方法等进行充分的了解，以免因试剂选择不当而影响分析监测的结果。

附表 1-1 是我国化学试剂等级标志与某些国家化学试剂标志的对照表。

附表 1-1　化学试剂等级对照表

质量次序		1	2	3	4	
我国化学试剂等级标志	级别	一级品	二级品	三级品	四级品	
	中文标志	保证试剂 优级纯	分析试剂 分析纯	化学试剂 化学纯	实验试剂	生物试剂
	符号	G. R	A. R	C. PR	L. R	B. R. C. R
	瓶签颜色	绿	红	蓝	棕色等	黄色等
德、美、英等国通用等级和符号		GR	A. R	C. P		

此外，还有一些特色用途的所谓高纯试剂。例如，"色谱纯"试剂，是以最高灵敏度 10^{-10} 以下无杂质峰来表示；"光谱纯"试剂，是以光谱分析时出现的干扰谱线的数目强度大小来衡量的，不能认为是化学分析的基准试剂；"放射化学纯"试剂是以放射性测定时出现干扰的核辐射强度来衡量的；"MOS"试剂是"金属-氧化物-半导体"试剂的简称，是电子工业专用的化学试剂。

在环境样品的分析监测中，一级品可用于配制标准溶液；二级品常用于配制定量分析中的普通试液，在通常情况下，未注明规格的试剂，均指分析纯试剂（即二级品）；三级品只能用于配制半定量或定性分析中的普通试液和清洁液等。

二、试剂的提纯与精制

如一时找不到合适的分析试剂时，可将化学纯或试验试剂采用重结晶或蒸馏等提纯试剂的方法进行纯化，以降低杂质的含量和提高试剂本身的含量（%）。

（一）蒸馏法

蒸馏法适用于提纯挥发性液体试剂，如烟酸、氢氟酸、氢溴酸、高氯酸、氨水等无机酸和氯仿、四氯化碳、石油醚等多种有机溶剂。

（二）等温扩散法

等温扩散法适用于在常温下溶质强烈挥发的水溶液试剂，如盐酸、硝酸、氢氟酸、氨水等。此法设备简单、容易操作，制得的产品纯度和浓度较高；缺点是产量小、耗时、耗酸较多。

此法常在玻璃干燥中进行，将分别盛有试剂和吸收液（常为高纯水）的容器分放在隔板上下或同放在隔板上，密闭放置。

试剂和吸收液的比例按精制品所需浓度确定，试剂愈多、吸收愈少，则精制品浓度愈高。例如，浓盐酸与纯水的比例为3：1时，则吸收液含氯化氢的最终浓度可高达10mol/L，扩散时间依气温高低而定，为1~2周。

（三）重结晶法

重结晶法是纯化固体物质的重要方法之一。利用被提纯化合物及杂质在溶剂中、在不同温度时溶解度的不同以分离出杂质，从而达到纯化的目的。

（四）萃取法

萃取法适用于某些能在不同条件下，分别溶于互不相溶的两种溶剂中试剂的精制。对有些试剂，可先配成试液，再用萃取法分离出其中的杂质以达到提纯的目的。

（1）萃取精制。用改变溶液酸碱性等条件，使溶质在两种溶剂间反复溶解、结晶而达到精制的目的。

（2）萃取提纯。某些试剂，如酒石酸钠、盐酸羟胺等，可在配成溶液后，用双硫腙的氯仿溶液直接萃取，以除去某些金属杂质（注意：冷原子吸收法测定汞时，所用盐酸羟胺试剂不能用此法提纯，以免因试液中的残留氯仿吸收紫外线而导致分析误差）。

（3）蒸发干燥。如将萃取液中的溶剂蒸发出去，所得试剂可干燥后保存。对热不稳定的试剂，应低温或真空低温干燥。例如，双硫腙可放于真空干燥箱中，抽气减压并于50℃干燥。

（五）醇析法

醇析法适用于在其水溶液中加入乙醇时即析出结晶的试剂，如 EDTA-Na$_2$、邻苯二甲酸氢钾、草酸等。

加醇沉淀是将试剂溶解于水中，使之成为近饱和溶液，慢慢加入乙醇至沉淀开始明显析出；然后过滤，弃去最初析出的少量沉淀，再向滤液中加入一定量的乙醇进行沉淀；再次过滤，以少量乙醇分次洗涤沉淀，于适当温度下干燥。

对某些在乙醇中易溶的试剂（如联邻甲苯胺），则可向其乙醇沉淀中加水，使沉淀析出，以进行提纯。

（六）其他方法

有些试剂可在配成试液后，分别采用电解法、层析法、离子交换法、活性炭吸附法等进行提纯。提纯后的试液可直接使用或将溶剂分离后保存备用。

附录二　常用缓冲溶液的配制

（1）醋酸-醋酸钠缓冲液（pH=3.6）。取醋酸钠5.1g，加冰醋酸20mL，再加水稀释至250mL，即得。

（2）醋酸-醋酸钠缓冲液（pH=3.7）。取无水醋酸钠20g，加水300mL溶解后，加溴酚蓝指示液1mL及冰醋酸60~80mL，至溶液从蓝色转变为纯绿色，再加水稀释至1000mL，即得。

（3）醋酸-醋酸钠缓冲液（pH=3.8）。取2mol/L醋酸钠溶液13mL与2mol/L醋酸溶液87mL，加入1mL含铜1mg的硫酸铜溶液0.5mL，再加水稀释至1000mL，即得。

（4）醋酸-醋酸钠缓冲液（pH=4.5）。取醋酸钠18g，加冰醋酸9.8mL，再加水稀释至1000mL，即得。

（5）醋酸-醋酸钠缓冲液（pH=4.6）。取醋酸钠5.4g，加水50mL使溶解，用冰醋酸调节pH值至4.6，再加水稀释至100mL，即得。

（6）醋酸-醋酸钠缓冲液（pH=6.0）。取醋酸钠54.6g，加1mol/L醋酸溶液20mL溶解后，加水稀释至500mL，即得。

附录三　考核表

评价单元	评价要素	评价内涵	满分	评分	备注
过程考核 40%	出勤与纪律	学习态度认真，遵守实习阶段的纪律及出勤情况，团队合作	10		组长负责打分
	工作量	工作量饱满，完成组内分配任务	10		组长负责打分
	实训汇报	汇报 PPT 制作质量，汇报内容，语言表达，团队合作	20		答辩组打分
实习报告 60%	文献查阅与知识运用能力	能查阅文献资料，并能合理地运用到监测方案中；能将所学课程（专业）知识准确地运用到实践之中，并归纳总结本课程实习所涉及的有关课程知识	20		指导老师打分
	监测方案设计及实践能力	监测方案设计整体思路清晰，方案合理可行，独立思考和处理实际问题的能力，实验操作过程标准、规范，数据分析评价合理	30		指导老师打分
	写作规范	符合实习报告的基本要求，结构合理，层次分明，语言表达流畅，用语、格式、图表、数据、量和单位及各种资料引用规范（符合标准）；符合实习规定字数	10		指导老师打分
评定成绩			100		

参 考 文 献

［1］　孙德智，豆小敏，梁文艳．环境监测实验［M］．北京：高等教育出版社，2015．

［2］　冯启言．环境监测实验［M］．北京：中国矿业大学出版社，2015．

［3］　白书立．环境监测实验［M］．杭州：浙江大学出版社，2014．

［4］　石碧青．环境监测技能训练与考核教程［M］．北京：中国环境出版社，2011．

参考文献